U0332192

国家出版基金项目
NATIONAL PUBLICATION FOUNDATION

中国草原保护与牧场利用丛书

（汉蒙双语版）

名誉主编 任继周

天然草地合理利用

辛晓平 徐丽君 李 达

—— 著 ——

上海科学技术出版社

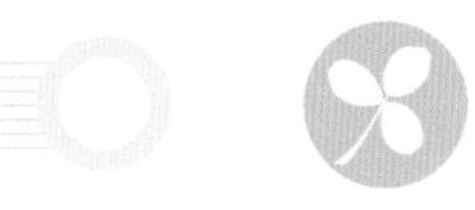

图书在版编目（CIP）数据

天然草地合理利用 / 辛晓平，徐丽君，李达著. --
上海：上海科学技术出版社，2021.2
（中国草原保护与牧场利用丛书：汉蒙双语版）
ISBN 978-7-5478-5182-1

Ⅰ. ①天… Ⅱ. ①辛… ②徐… ③李… Ⅲ. ①天然牧
场－草地资源－草原利用－汉、蒙 Ⅳ. ①S812.9

中国版本图书馆CIP数据核字(2021)第026036号

中国草原保护与牧场利用丛书（汉蒙双语版）
天然草地合理利用
辛晓平　徐丽君　李　达　著

上海世纪出版(集团)有限公司
上海科学技术出版社 出版、发行
(上海钦州南路71号　邮政编码200235　www.sstp.cn)
上海中华商务联合印刷有限公司印刷
开本 787×1092　1/16　印张 14
字数 220千字
2021年2月第1版　2021年2月第1次印刷
ISBN 978-7-5478-5182-1 / S · 214
定价: 80.00元

本书如有缺页、错装或坏损等严重质量问题，请向工厂联系调换

中国草原保护与牧场利用丛书（汉蒙双语版）

编/委/会

———— 名誉主编 ————

任继周

———— 主 编 ————

徐丽君 孙启忠 辛晓平

———— 副主编 ————

陶 雅 李 峰 那 亚

———— 本书编著人员 ————

（按照姓氏笔画顺序排列）

王 旭　王 笛　乌达巴拉　　布 和

闫玉春　闫瑞瑞　杨桂霞　李 达　肖燕子

辛晓平　聂莹莹　徐大伟　徐丽君　郭明英

喜 娜　锡 林

———— 特约编辑 ————

陈布仁仓

序

"中国草原保护与牧场利用丛书（汉蒙双语版）"很有特色，令人眼前一亮。

这是一套朴实无华，尊重自然，贴近生产，心里装着牧民和草原生态系统的小智库。该套丛书采用汉蒙两种语言表达了编著者对草原的理解和关怀。这是我国新一代草地科学工作者的青春足迹，弥足珍贵。它记录了编著者的忠诚心志和科学素养，彰显了对草原生态系统整体关怀的现代农业伦理观。

我国是个草原大国，各类天然草原近4亿公顷，约占陆地面积的40%以上，为森林面积的2.5倍、耕地面积的3.2倍，是我国面积最大的陆地生态系统。草原不仅是我国陆地的生态屏障，也是草原与它所养育的牧业民族所共同铸造的草原文明的载体。这是无私的自然留给中华民族的宝贵遗产。我们应清醒地认知，内蒙古草原，尤其是呼伦贝尔草原是欧亚大草原仅存的一角，是自然的、历史的遗产。

这里原本是生草土发育良好，草地丰茂，畜群如云，居民硕壮，万古长青的草地生态系统，人类文明的重要组分，是中华民族获得新鲜活力的源头之一。但是由于农业伦理观缺失的历史背景，先后被农耕生态系统和工业生态系统长期、不断地入侵和干扰，草原生态系统的健康遭受破坏，变为"生态脆弱区"。

目前大国崛起的形势已经到来，我们对草原的科学保护、合理利用、复壮草原生态系统势在必行。党的十九届四中全会提出"坚持和完善生态文明制度体系，促进人与自然和谐共生"。保护好草原，建设好草原生态文明，就是关系边疆各族人民生产、生活和生

态环境永续发展，维护草原文化摇篮的千年大计。必须坚持保护优先、自然恢复为主，科技先行、多种措施并举，坚定走生产发展、生活富裕、生态良好的草原发展道路。

目前，草原科学新理念、新技术、新成果多以汉文材料为主，草原牧民汉语识别能力较弱，增加了在少数民族牧民中推广的难度。为此，该套丛书采用汉蒙双语对照，图文并茂，以便牧区广大群众看得懂、学得会和用得上，广泛推广最新研究成果，促进农牧民对汉字的识别能力。

该套丛书涵盖了草原保护与利用、栽培草地建植与管理等实用技术与原理，贯彻最新中央精神，可满足全国高校院所、农业、林业和草业部门对草牧业教材和乡村振兴战略读本的迫切需求。该套丛书的出版，可为恢复"风吹草低见牛羊"的富饶壮美的草原画卷提供有力支撑。

侯缘周

序于涵虚草舍，2019年初冬

ᠲᠡᠷᠢᠭᠦᠨ

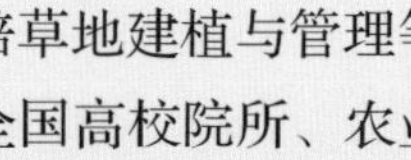

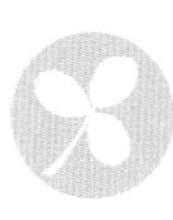

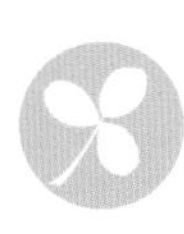

前 / 言

 天然草地是我国陆地上面积最大的绿色生态系统，也是最重要的自然资源之一，同时，是牧区牧民最基础的生产和生活资料。加强天然草地的保护及合理利用，是推进生态文明建设、实现绿色发展、保障国家生态安全的重要任务，也是精准扶贫、改善民生和建设美丽中国的重要举措。中华人民共和国成立初期，牧区草原承载能力高于实际载畜量，草地利用强度较低。到20世纪60年代以后，随着人口的增长，载畜量已达到或超过了天然可利用草原的负荷能力。20世纪80年代，牧区开始实行的牲畜承包责任制，极大地调动了农牧民养畜的积极性，但由于草原基本建设没有跟上，对"藏粮于草"的意义认识不足，重农轻草，没有把草原与耕地、草原与林地、牧草与牲畜放在同等重要的位置，草业在国民经济和生态建设中的主体地位没有被充分认识。在草原放牧压力不断增加的同时，为了解决粮食问题，牧区兴起了多次开垦浪潮。每次开垦总把地势平坦、植被生长良好的天然草原称作宜农荒地，视作开垦对象。在这种不合理的利用下，草原生态系统逆行演替、生产力下降，主要表现在草地植被的高度、盖度、产量和质量下降，土壤生境恶化，生产能力和生态功能衰退。长时间、大范围的草地退化，引起的不仅仅是草地本身生产力的下降，还造成生态环境恶化和对社会生存与发展的威胁。

 本书主要针对天然草地利用过程中出现的问题和技术难点，通过放牧草地的合理利用、割草地的合理利用、天然草地的恢复与改良、天然草地灾害治理、基础设施建设和天然草地经营模式等方面技术内容，解决生产利用当中的实际问题，提高草地利用效率，防止草地退

化。全书采用汉语、蒙古语、照片等多种表现形式，图文并茂，通俗易懂，可供牧民、农民及草原牧区科技人员参考。

本书成果的积累得到了国家多个科研项目的资助，其中包括科学技术部重点研发项目（2016YFC0500600、2017YFC0503805、2018YFF0213405）、国家自然基金青年项目（41703081）、中国农业科学院创新工程、农业农村部国家牧草产业技术体系经费（CARS-34）、科学技术部国家农业科学数据共享中心-草地与草业数据分中心经费、农业农村部呼伦贝尔国家野外台站运行经费等科研项目，借此开展了大量试验研究与示范推广工作，取得了丰硕的成果。本书也汇聚了中国农业科学院农业资源与区划研究所、中国农业科学院草原研究所、内蒙古农业大学、白城市畜牧科学研究院等单位多年的研究成果。在编写过程中，上述单位的专家积极提供文字和图片等材料。在此，我们对提供项目资助的有关部门和上述单位表示衷心的感谢！

2020 年 8 月

ᠨᠢᠭᠡ ᠂ ᠨᠤᠲᠤᠭ

ᠠᠳᠠᠷ ᠳᠡᠯᠡᠬᠡᠢ ᠳᠤ ᠲᠠᠷᠢᠶᠠᠯᠠᠩ ᠤᠨ ᠦᠢᠯᠡᠳᠪᠦᠷᠢᠯᠡᠯ ᠤᠨ ᠬᠠᠮᠤᠭ ᠤᠨ ᠲᠤᠮᠤ ᠂ ᠬᠠᠮᠤᠭ ᠤᠨ ᠪᠠᠶᠠᠯᠢᠭ ᠪᠠᠶᠢᠭᠠᠯᠢ ᠶᠢᠨ ᠡᠬᠢ ᠰᠤᠷᠪᠤᠯᠵᠢ ᠪᠣᠯᠬᠤ ᠶᠤᠮ ᠃

ᠪᠠᠶᠢᠭᠠᠯᠢ ᠶᠢᠨ ᠨᠤᠲᠤᠭ ᠪᠣᠯ ᠪᠠᠶᠢᠭᠠᠯᠢ ᠶᠢᠨ ᠤᠷᠭᠤᠮᠠᠯ ᠤᠨ ᠪᠦᠷᠬᠦᠪᠴᠢ ᠶᠢᠨ ᠨᠢᠭᠡ ᠶᠡᠬᠡ ᠬᠡᠰᠡᠭ ᠪᠣᠯᠤᠨ ᠠᠮᠢ ᠠᠬᠤᠢ ᠶᠢᠨ ᠰᠢᠰᠲ᠋ᠧᠮ ᠤᠨ ᠴᠢᠬᠤᠯᠠ ᠪᠦᠷᠢᠯᠳᠦᠬᠦᠨ ᠬᠡᠰᠡᠭ ᠮᠦᠨ ᠃ 《 ᠨᠤᠲᠤᠭ 》 ᠭᠡᠳᠡᠭ ᠦᠭᠡ ᠶᠢ ᠬᠡᠷᠡᠭᠯᠡᠬᠦ ᠳᠡᠭᠡᠨ 20 ᠳ᠋ᠤᠭᠠᠷ ᠵᠠᠭᠤᠨ ᠤ 60 ᠤᠨ ᠤ ᠦᠶᠡᠰ ᠂ 20 ᠳ᠋ᠤᠭᠠᠷ ᠵᠠᠭᠤᠨ ᠤ 80 ᠤᠨ ᠤ ᠦᠶᠡᠰ ᠂

ᠬᠤᠶᠠᠷ ᠂ ᠪᠡᠯᠴᠢᠭᠡᠷ

ᠨᠠᠷᠠᠨ ᠲᠡᠭᠷᠢ ᠶᠢᠨ ᠬᠡᠪᠡᠯᠢ ᠠᠴᠠ ᠨᠤᠳᠤᠭ

2020 ᠤᠨ ᠤ 8 ᠰᠠᠷ᠎ᠠ

ᠡᠨᠡ ᠨᠣᠮ ᠢ ᠨᠠᠶᠢᠷᠠᠭᠤᠯᠬᠤ ᠶᠠᠪᠤᠴᠠ ᠳᠤ ᠪᠠᠨ ᠡᠯ᠎ᠡ ᠵᠦᠢᠯ ᠦᠨ ᠠᠰᠠᠭᠤᠳᠠᠯ ᠢ ᠲᠤᠰᠬᠠᠢ ᠮᠡᠷᠭᠡᠵᠢᠯᠲᠡᠨ ᠦ ᠦᠵᠡᠯᠲᠡ ᠪᠡᠷ ᠶᠠᠷᠢᠯᠴᠠᠵᠤ᠂ ᠳᠠᠷᠠᠭᠠᠬᠢ ᠪᠠᠨ ᠨᠡᠮᠡᠨ ᠪᠠᠶᠠᠯᠢᠭᠵᠢᠭᠤᠯᠤᠭᠰᠠᠨ ᠪᠠᠶᠢᠨ᠎ᠠ᠃᠃

ᠳᠠᠯᠠᠢ ᠶᠢᠨ ᠴᠢᠨᠠᠳᠤ ᠰᠤᠷᠭᠠᠭᠤᠯᠢ ᠶᠢᠨ ᠨᠣᠮᠣᠷᠠᠭ ᠪᠣᠯᠤᠨ ᠮᠣᠩᠭᠣᠯ ᠤᠨ ᠬᠦᠮᠦᠨ ᠵᠢᠶᠡᠨ ᠤ ᠰᠤᠷᠭᠠᠭᠤᠯᠢ ᠶᠢᠨ ᠭᠠᠵᠠᠷ᠃

ᠲᠤᠰᠬᠠᠢ ᠮᠡᠷᠭᠡᠵᠢᠯᠲᠡᠨ ᠦ ᠣᠨᠣᠯ ᠤᠨ ᠭᠦᠨᠵᠡᠭᠡᠢ ᠡᠷᠳᠡᠮ ᠰᠢᠨᠵᠢᠯᠡᠭᠡᠨ ᠦ ᠰᠠᠭᠤᠷᠢ ᠣᠨᠣᠯ ᠢᠶᠠᠷ ᠶᠠᠷᠢᠯᠴᠠᠵᠤ᠂ (ᠪᠠᠶᠠᠷ ᠳᠠᠯᠠᠢ)᠂ ᠮᠣᠩᠭᠣᠯ ᠤᠨ ᠡᠷᠳᠡᠮᠲᠡᠨ ᠦ ᠬᠦᠮᠦᠨ᠃

ᠳᠠᠯᠠᠢ ᠶᠢᠨ ᠴᠢᠨᠠᠳᠤ ᠮᠣᠩᠭᠣᠯ ᠤᠨ ᠬᠦᠮᠦᠨ ᠵᠢᠶᠡᠨ ᠤ ᠬᠦᠮᠦᠨ ᠦ ᠨᠣᠮᠣᠷᠠᠭ — ᠳᠣᠲᠣᠭᠠᠳᠤ (ᠪᠠᠶᠠᠷ) ᠤᠨ ᠨᠣᠮᠣᠷᠠᠭ ᠤᠨ ᠬᠦᠮᠦᠨ ᠦ ᠬᠦᠮᠦᠨ ᠵᠢᠶᠡᠨ ᠦ (CARS-34)᠂ ᠮᠣᠩᠭᠣᠯ ᠤᠨ ᠬᠦᠮᠦᠨ᠃

ᠳᠠᠯᠠᠢ ᠶᠢᠨ ᠮᠣᠩᠭᠣᠯ ᠤᠨ ᠬᠦᠮᠦᠨ ᠵᠢᠶᠡᠨ ᠤ ᠬᠦᠮᠦᠨ (41703081)᠂ ᠳᠣᠲᠣᠭᠠᠳᠤ ᠶᠢᠨ ᠬᠦᠮᠦᠨ 2016YFC0500600᠂ 2017YFC0503805᠂ 2018YFF0213405)᠂ ᠮᠣᠩᠭᠣᠯ ᠤᠨ ᠬᠦᠮᠦᠨ᠃

ᠳᠠᠯᠠᠢ ᠶᠢᠨ ᠴᠢᠨᠠᠳᠤ ᠶᠢᠨ ᠬᠦᠮᠦᠨ ᠵᠢᠶᠡᠨ ᠤ ᠬᠦᠮᠦᠨ ᠦ ᠬᠦᠮᠦᠨ᠂ "ᠮᠣᠩᠭᠣᠯ ᠤᠨ ᠬᠦᠮᠦᠨ ᠵᠢᠶᠡᠨ ᠤ ᠬᠦᠮᠦᠨ"᠃

ᠳᠠᠯᠠᠢ ᠶᠢᠨ ᠮᠣᠩᠭᠣᠯ ᠤᠨ ᠬᠦᠮᠦᠨ ᠵᠢᠶᠡᠨ ᠤ ᠬᠦᠮᠦᠨ᠃᠃ ᠮᠣᠩᠭᠣᠯ ᠤᠨ ᠬᠦᠮᠦᠨ ᠵᠢᠶᠡᠨ ᠤ ᠬᠦᠮᠦᠨ ᠦ᠃

ᠳᠠᠯᠠᠢ ᠶᠢᠨ ᠮᠣᠩᠭᠣᠯ ᠤᠨ ᠬᠦᠮᠦᠨ ᠵᠢᠶᠡᠨ ᠤ ᠬᠦᠮᠦᠨ᠃᠃

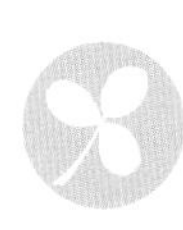

目 / 录

第一章　什么是草原 .. 2

第一节　概述 .. 2

一、草原的分布 ... 2

二、气候特征 ... 6

三、草原特征 ... 8

第二节　草原的功能 ... 10

一、生态功能 ... 10

二、生产功能 ... 18

三、生活功能 ... 26

第二章　为什么要保护草原 34

第一节　草原利用现状 .. 34

一、传统畜牧业 ... 36

二、开垦草原 ... 38

三、超载过牧 ... 40

四、滥挖滥采 ... 42

五、环境污染 .. 44

第二节　如何保护草原 52

一、提高保护意识 52

二、积极进行科技创新 54

三、推广成熟的合理利用模式 56

第三章　草原合理利用的技术与方法 58

第一节　放牧草地的合理利用 60

一、划区轮牧技术 62

二、控制放牧技术 80

三、休牧技术 86

四、禁牧技术 88

五、围栏封育技术 94

第二节　割草地的合理利用 100

一、刈割技术 102

二、轮刈技术 106

第四章　天然草地干草利用与青贮调制 112

第一节　干草收储技术 112

一、收获时间 .. 112

二、刈割 .. 112

三、搂草 .. 112

四、含水率测定 .. 114

五、打捆 .. 114

六、储藏 .. 116

七、安全管理 .. 118

八、转运 .. 118

第二节　牧草青贮技术 120

一、青贮方式 .. 120

二、贮前准备 .. 120

三、添加剂选用 .. 122

四、刈割 .. 122

五、裹包青贮 .. 124

六、窖贮..126

第五章　草原灾害防控................................128

第一节　草原灾害概述................................128
第二节　草原雪灾................................136
一、草原雪灾分布................................138
二、草原雪灾危害................................144
三、草原雪灾防治对策................................150

第三节　草原旱灾................................158
一、草原旱灾特点................................160
二、草原旱灾危害特点................................166
三、草原旱灾防治对策................................170

第四节　草原鼠虫害................................180
一、草原鼠虫害特点................................182
二、草原鼠虫害危害................................190
三、草原鼠虫害防治对策................................198

ᠭᠠᠷᠴᠠᠭ

ᠲᠣᠪᠴᠢ ᠠᠭᠤᠯᠭ᠎ᠠ ᠪᠣᠯᠬᠤ ᠲᠣᠪᠴᠢ ᠳᠠᠩᠰᠠ 3

ᠨᠢᠭᠡᠳᠦᠭᠡᠷ ᠬᠡᠰᠡᠭ 3

ᠨᠢᠭᠡ᠂ ᠡᠬᠢᠯᠡᠨ ᠦᠭᠡ 3

ᠬᠣᠶᠠᠷ᠂ ᠨᠢᠭᠡᠨ ᠵᠦᠢᠯ ᠦᠨ ᠰᠢᠨᠵᠢᠯᠡᠭᠡ 7

ᠭᠤᠷᠪᠠ᠂ ᠰᠢᠨᠵᠢᠯᠡᠭᠡ ᠶᠢᠨ ᠠᠷᠭ᠎ᠠ 9

ᠳᠥᠷᠪᠡ᠂ ᠳ᠋ᠦᠩᠨᠡᠯᠲᠡ ᠶᠢᠨ ᠠᠷᠭ᠎ᠠ 11

ᠬᠣᠶᠠᠳᠤᠭᠠᠷ ᠬᠡᠰᠡᠭ 11

ᠨᠢᠭᠡ᠂ ᠡᠬᠢᠯᠡᠨ ᠦᠭᠡ 19

ᠬᠣᠶᠠᠷ᠂ ᠰᠢᠨᠵᠢᠯᠡᠭᠡ ᠶᠢᠨ ᠠᠷᠭ᠎ᠠ 27

ᠭᠤᠷᠪᠠᠳᠤᠭᠠᠷ ᠬᠡᠰᠡᠭ ᠲᠣᠪᠴᠢ ᠶᠢᠨ ᠰᠢᠨᠵᠢᠯᠡᠭᠡ ᠶᠢᠨ ᠠᠷᠭ᠎ᠠ 35

ᠳᠥᠷᠪᠡᠳᠦᠭᠡᠷ ᠬᠡᠰᠡᠭ 35

ᠨᠢᠭᠡ᠂ ᠡᠬᠢᠯᠡᠨ ᠦᠭᠡ ᠶᠢᠨ ᠰᠢᠨᠵᠢᠯᠡᠭᠡ 37

ᠬᠣᠶᠠᠷ᠂ ᠰᠢᠨᠵᠢᠯᠡᠭᠡ ᠶᠢᠨ ᠳᠥᠩ ᠰᠤᠳᠤᠯᠤᠯ 39

ᠭᠤᠷᠪᠠ᠂ ᠰᠢᠨᠵᠢᠯᠡᠭᠡ ᠶᠢᠨ ᠠᠷᠭ᠎ᠠ ᠶᠢᠨ ᠳ᠋ᠦᠩᠨᠡᠯᠲᠡ 41

ᠳᠥᠷᠪᠡ᠂ ᠰᠢᠨᠵᠢᠯᠡᠭᠡ ᠶᠢᠨ ᠠᠷᠭ᠎ᠠ ᠶᠢᠨ ᠳ᠋ᠦᠩᠨᠡᠯᠲᠡ 43

ᠴᠠᠭ᠂ ᠳᠠᠷᠠᠯᠠᠭᠳᠠᠬᠤ ᠲᠤᠬᠠᠢ ᠦᠭᠦᠯᠡᠬᠦ ᠨᠢ ·········· 45

ᠲᠠᠪᠤ᠂ ᠪᠡᠯᠴᠢᠭᠡᠷ ᠤᠨ ᠬᠤᠪᠢᠶᠠᠷᠢ ᠦᠭᠦᠯᠡᠬᠦ ᠨᠢ ···· 53

ᠨᠢᠭᠡ᠂ ᠠᠷᠠᠳ ᠤᠨ ᠬᠤᠪᠢᠶᠠᠷᠢ ᠦᠭᠦᠯᠡᠬᠦ ᠨᠢ ·········· 53

ᠬᠤᠶᠠᠷ᠂ ᠤᠯᠠᠷᠢᠯ ᠤᠨ ᠪᠡᠯᠴᠢᠭᠡᠷ ᠤᠨ ᠬᠤᠪᠢᠶᠠᠷᠢ ·· 55

ᠭᠤᠷᠪᠠ᠂ ᠡᠳᠦᠷ ᠰᠦᠨᠢ ᠶᠢᠨ ᠪᠡᠯᠴᠢᠭᠡᠷ ᠤᠨ ᠬᠤᠪᠢᠶᠠᠷᠢ · 57

ᠵᠢᠷᠭᠤᠭ᠎ᠠ᠂ ᠪᠡᠯᠴᠢᠭᠡᠷ ᠢ ᠬᠠᠮᠠᠭᠠᠯᠠᠨ ᠠᠰᠢᠭᠯᠠᠬᠤ ᠠᠷᠭ᠎ᠠ ·········· 59

ᠳᠤᠯᠤᠭ᠎ᠠ᠂ ᠡᠪᠡᠰᠦ ᠬᠠᠳᠤᠯᠠᠩ ᠤᠨ ᠲᠤᠬᠠᠢ ·········· 61

ᠨᠢᠭᠡ᠂ ᠡᠪᠡᠰᠦ ᠬᠠᠳᠤᠯᠠᠩ ᠤᠨ ᠠᠩᠭᠢᠯᠠᠯ ·········· 63

ᠬᠤᠶᠠᠷ᠂ ᠡᠪᠡᠰᠦ ᠬᠠᠳᠤᠯᠠᠩ ᠢ ᠬᠠᠮᠠᠭᠠᠯᠠᠬᠤ ···· 81

ᠭᠤᠷᠪᠠ᠂ ᠡᠪᠡᠰᠦ ᠬᠠᠳᠤᠯᠠᠬᠤ ·········· 87

ᠳᠦᠷᠪᠡ᠂ ᠡᠪᠡᠰᠦ ᠬᠠᠳᠤᠯᠠᠩ ·········· 89

ᠲᠠᠪᠤ᠂ ᠡᠪᠡᠰᠦ ᠬᠠᠳᠤᠯᠠᠩ ᠢ ᠰᠠᠶᠢᠵᠢᠷᠠᠭᠤᠯᠬᠤ ·· 95

ᠵᠢᠷᠭᠤᠭ᠎ᠠ᠂ ᠡᠪᠡᠰᠦ ·········· 101

ᠳᠤᠯᠤᠭ᠎ᠠ᠂ ᠡᠪᠡᠰᠦ ·········· 103

ᠨᠠᠢᠮᠠ᠂ ᠡᠪᠡᠰᠦ ·········· 107

ᠪᠤᠷᠳᠤᠭ᠎ᠠ ᠬᠠᠩᠭᠠᠬᠤ ᠡᠬᠢ ᠪᠠᠶᠠᠯᠢᠭ ᠤᠨ ᠬᠤᠮᠰᠠᠳᠠᠯ ······125

ᠪᠣᠳᠣᠰ᠂ ᠪᠣᠷᠳᠤᠭ᠎ᠠ ······123

ᠴᠢᠬᠢᠭᠯᠢᠭ ᠪᠣᠷᠳᠤᠭ᠎ᠠ ······123

ᠬᠠᠭᠤᠷᠠᠢ ᠪᠣᠷᠳᠤᠭ᠎ᠠ ᠶᠢᠨ ᠠᠩᠭᠢᠯᠠᠯ ······121

ᠳᠠᠷᠣᠭᠠᠰᠤ᠂ ᠡᠪᠡᠰᠦ ᠪᠣᠷᠳᠤᠭ᠎ᠠ ······121

ᠨᠣᠭᠣᠭᠠᠨ ᠪᠣᠷᠳᠤᠭ᠎ᠠ ······121

ᠪᠣᠷᠳᠤᠭ᠎ᠠ ᠶᠢᠨ ᠲᠥᠷᠥᠯ ᠵᠦᠢᠯ ᠤᠨ ᠠᠩᠭᠢᠯᠠᠯ ······119

ᠵᠢᠷᠤᠭᠠᠰᠤᠨ ᠮᠠᠯ ᠤᠨ ᠪᠣᠷᠳᠤᠭ᠎ᠠ ······119

ᠬᠤᠨᠢ᠂ ᠢᠮᠠᠭᠠᠨ ᠤ ᠪᠣᠷᠳᠤᠭ᠎ᠠ ······117

ᠦᠬᠡᠷ ᠤᠨ ᠪᠣᠷᠳᠤᠭ᠎ᠠ ······115

ᠮᠠᠯ ᠤᠨ ᠪᠣᠷᠳᠤᠭ᠎ᠠ ᠶᠢᠨ ᠱᠠᠭᠠᠷᠳᠠᠯᠭ᠎ᠠ ······115

ᠮᠠᠯ ᠤᠨ ᠪᠣᠷᠳᠤᠭ᠎ᠠ ᠶᠢᠨ ᠠᠩᠭᠢᠯᠠᠯ ······113

ᠴᠢᠬᠢᠭᠯᠢᠭ ᠪᠣᠷᠳᠤᠭ᠎ᠠ ······113

ᠬᠠᠭᠤᠷᠠᠢ ᠪᠣᠷᠳᠤᠭ᠎ᠠ ······113

ᠪᠣᠷᠳᠤᠭ᠎ᠠ ᠶᠢᠨ ᠡᠬᠢ ᠪᠠᠶᠠᠯᠢᠭ ᠤᠨ ᠲᠥᠷᠥᠯ ᠵᠦᠢᠯ ······113

ᠪᠣᠷᠳᠤᠭ᠎ᠠ ᠶᠢᠨ ᠡᠬᠢ ᠪᠠᠶᠠᠯᠢᠭ ᠤᠨ ᠲᠥᠷᠥᠯ ᠵᠦᠢᠯ ······113

ᠲᠠᠪᠤᠳᠤᠭᠠᠷ ᠪᠦᠯᠦᠭ᠂ ᠨᠤᠲᠤᠭ ᠪᠡᠯᠴᠢᠭᠡᠷ ᠢ ᠬᠠᠮᠠᠭᠠᠯᠠᠬᠤ ᠂ ᠰᠡᠷᠭᠦᠭᠡᠬᠦ ᠂ ᠰᠠᠶᠢᠵᠢᠷᠠᠭᠤᠯᠬᠤ ᠲᠧᠭᠨᠢᠭ ᠮᠡᠷᠭᠡᠵᠢᠯ .. 199

ᠨᠢᠭᠡ ᠂ ᠨᠤᠲᠤᠭ ᠪᠡᠯᠴᠢᠭᠡᠷ ᠢ ᠬᠠᠮᠠᠭᠠᠯᠠᠬᠤ ᠂ ᠰᠡᠷᠭᠦᠭᠡᠬᠦ .. 191

ᠬᠤᠶᠠᠷ ᠂ ᠨᠤᠲᠤᠭ ᠪᠡᠯᠴᠢᠭᠡᠷ ᠢ ᠰᠠᠶᠢᠵᠢᠷᠠᠭᠤᠯᠬᠤ (ᠰᠠᠶᠢᠵᠢᠷᠠᠭᠤᠯᠤᠯᠲᠠ ᠶᠢᠨ ᠠᠷᠭ᠎ᠠ ᠬᠡᠯᠪᠡᠷᠢ) .. 183

ᠵᠢᠷᠭᠤᠳᠤᠭᠠᠷ ᠪᠦᠯᠦᠭ᠂ ᠨᠤᠲᠤᠭ ᠪᠡᠯᠴᠢᠭᠡᠷ ᠢ ᠠᠰᠢᠭᠯᠠᠬᠤ ᠲᠧᠭᠨᠢᠭ ᠮᠡᠷᠭᠡᠵᠢᠯ .. 181

ᠨᠢᠭᠡ ᠂ ᠨᠤᠲᠤᠭ ᠪᠡᠯᠴᠢᠭᠡᠷ ᠤᠨ ᠠᠰᠢᠭᠯᠠᠯᠲᠠ ᠶᠢᠨ ᠠᠷᠭ᠎ᠠ .. 171

ᠬᠤᠶᠠᠷ ᠂ ᠨᠤᠲᠤᠭ ᠪᠡᠯᠴᠢᠭᠡᠷ ᠤᠨ ᠬᠦᠴᠦᠨ ᠴᠢᠳᠠᠯ ᠤᠨ ᠲᠣᠭᠠᠴᠠᠭᠠᠯᠠᠯᠲᠠ .. 167

ᠭᠤᠷᠪᠠ ᠂ ᠨᠤᠲᠤᠭ ᠪᠡᠯᠴᠢᠭᠡᠷ ᠤᠨ ᠲᠡᠵᠢᠭᠡᠨ ᠠᠷᠠᠴᠢᠯᠠᠬᠤ .. 161

ᠳᠥᠷᠪᠡ ᠂ ᠨᠤᠲᠤᠭ ᠪᠡᠯᠴᠢᠭᠡᠷ ᠤᠨ ᠬᠤᠪᠢᠶᠠᠷᠢᠯᠠᠯᠲᠠ .. 159

ᠲᠠᠪᠤ ᠂ ᠨᠤᠲᠤᠭ ᠪᠡᠯᠴᠢᠭᠡᠷ ᠤᠨ ᠡᠷᠭᠢᠯᠲᠡ .. 151

ᠵᠢᠷᠭᠤᠭ᠎ᠠ ᠂ ᠨᠤᠲᠤᠭ ᠪᠡᠯᠴᠢᠭᠡᠷ ᠤᠨ ᠦᠨᠡᠯᠡᠯᠲᠡ .. 145

ᠳᠣᠯᠣᠭᠠᠳᠤᠭᠠᠷ ᠪᠦᠯᠦᠭ᠂ ᠨᠤᠲᠤᠭ ᠪᠡᠯᠴᠢᠭᠡᠷ ᠤᠨ ᠮᠠᠯᠵᠢᠯᠲᠠ .. 139

ᠨᠢᠭᠡ ᠂ ᠨᠤᠲᠤᠭ ᠪᠡᠯᠴᠢᠭᠡᠷ ᠤᠨ ᠲᠠᠯᠠᠪᠠᠢ .. 137

ᠨᠠᠢᠮᠠᠳᠤᠭᠠᠷ ᠪᠦᠯᠦᠭ᠂ ᠮᠠᠯ ᠤᠨ ᠲᠡᠵᠢᠭᠡᠯ .. 129

ᠨᠢᠭᠡ ᠂ ᠨᠤᠲᠤᠭ ᠪᠡᠯᠴᠢᠭᠡᠷ ᠤᠨ ᠦᠨᠳᠦᠰᠦᠯᠡᠯ .. 129

ᠵᠢᠷᠭᠤᠭᠠᠳᠤᠭᠠᠷ ᠪᠦᠯᠦᠭ᠂ ᠨᠤᠲᠤᠭ ᠪᠡᠯᠴᠢᠭᠡᠷ .. 127

（汉蒙双语版）

天然草地合理利用

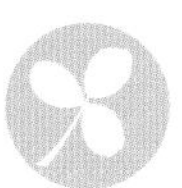

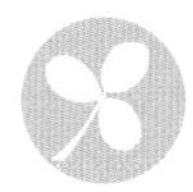

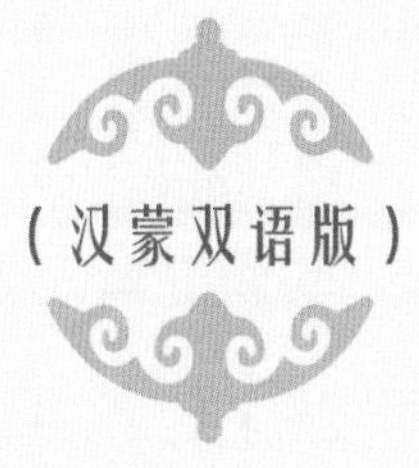

第一章 什么是草原

第一节 概 述

一、草原的分布

　　草原是世界陆地生态系统的主要类型之一。它处于湿润的森林区与干旱的荒漠区之间，占有半干旱到半湿润区这一特定的地理位置。我国是世界上草原资源最丰富的国家之一。我国的草原主要分布于从东北平原开始，经内蒙古高原、鄂尔多斯高原和黄土高原，延伸到青藏高原，横亘于北纬30°～50°，绵延4 500多km，成为地球表面最宽广，也是迄今保存完整、最有特色的天然草原带之一。广袤的天然草原拥有丰富的野生动植物资源，是我国珍贵的动植物种质资源库，其中天然饲用植物达1.5万种。我国草原还是长江、黄河、雅鲁藏布江、辽河和黑龙江等重要水系的源头，是我国重要的水源涵养地和水土保持区。我国草原主要属于温带草原。

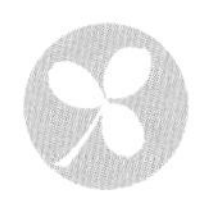

　　我国草原分布的海拔高度随纬度南移而逐步上升。北部的松嫩平原海拔120～200 m，西辽河平原400～500 m，内蒙古高原1 000～1 200 m，鄂尔多斯高原1 400～1 500 m，黄土高原西部2 000 m以上（最高达3 000 m），再往西南进入青藏高原，一般海拔在4 500～5 000 m以上。纬度南移，气温随之升高；海拔升高，气温却随之降低。一升一降，作用正好互相抵消。因此，我国草原虽然南北跨越纬度23°，但基本上保持了温带草原的特征。此外，在北纬36°以南的青藏高原上，出现了世界上少有的高寒草原。

ᠬᠠᠷᠢᠯᠴᠠᠭᠠᠨ ᠤ᠂ ᠳᠡᠭᠡᠷᠡ ᠳᠤᠷᠠᠳᠤᠭᠰᠠᠨ ᠭᠠᠵᠠᠷ ᠤᠨ ᠲᠤᠯᠤᠭᠠᠢ ᠶᠢᠨ ᠡᠷᠡᠬᠦᠦᠯ ᠪᠤᠯᠤᠮᠠ ᠰᠠᠶᠢᠳᠤᠷ ᠡᠵᠡᠮᠳᠡᠬᠦ᠃

ᠠᠩᠬᠢᠯᠠᠭᠤᠨ ᠤ᠂ ᠡᠷᠡᠯᠬᠡᠭ ᠪᠠᠶᠢᠳᠠᠯ ᠤᠨ ᠣᠷᠣᠨ᠂ ᠠᠩᠬᠢᠯᠠᠯᠭᠠ ᠪᠠᠷ ᠬᠢᠨᠠᠮᠠᠭᠠᠢ ᠶᠠᠪᠤᠭᠤᠯᠬᠤ ᠬᠡᠷᠡᠭᠲᠡᠢ᠃ ᠲᠡᠭᠦᠨᠴᠢᠯᠡᠨ ᠪᠤᠯ 36° ᠠᠴᠠ ᠶᠡᠬᠡᠰᠬᠦᠯ ᠠᠬᠢᠯᠠᠭᠰᠠᠨ᠂ ᠪᠤᠲᠠᠷᠬᠠᠢ ᠪᠠᠶᠢᠳᠠᠭ᠃

ᠳᠡᠭᠡᠷᠡᠬᠢ ᠰᠠᠩ᠂ ᠪᠢᠳᠡ ᠨᠢ ᠳᠠᠯᠠᠶ ᠶᠢᠨ ᠨᠢᠭᠤᠷ ᠤᠨ ᠲᠦᠪᠰᠢᠨ ᠡᠴᠡ 23° ᠤᠨ ᠳᠡᠭᠡᠷᠡᠬᠢ ᠰᠢᠨᠡᠬᠡᠨ ᠪᠠᠶᠢᠳᠠᠭ᠂ ᠬᠦᠨᠳᠡᠯᠡᠨ 3 000 m ᠭᠡᠵᠦ᠃ ᠡᠳᠦᠷ ᠪᠦᠷᠢ ᠪᠤᠯ ᠳᠠᠯᠠᠶ ᠶᠢᠨ ᠨᠢᠭᠤᠷ ᠤᠨ ᠲᠦᠪᠰᠢᠨ ᠡᠴᠡ ᠲᠤᠯᠤᠭᠠᠢ ᠶᠢᠨ ᠬᠠᠷᠢᠯᠴᠠᠭᠠ ᠲᠠᠢ᠃ ᠳᠡᠭᠡᠷᠡ ᠨᠢ ᠳᠠᠯᠠᠶ ᠶᠢᠨ ᠨᠢᠭᠤᠷ ᠤᠨ ᠳᠡᠭᠡᠷᠡ 4 500 ~ 5 000 m ᠬᠦᠷᠬᠦ (ᠳᠠᠯᠠᠶ ᠶᠢᠨ ᠨᠢᠭᠤᠷ) ᠬᠡᠮᠵᠢᠶ᠃

1 200 m ᠭᠡᠵᠦ᠂ ᠬᠦᠮᠦᠰ ᠤᠨ ᠠᠵᠢᠯᠠᠬᠤ ᠳᠤ 1 400 ~ 1 500 m ᠪᠤᠯ ᠭᠠᠵᠠᠷ ᠤᠨ ᠳᠠᠯᠠᠶ᠂ ᠳᠠᠯᠠᠶ ᠶᠢᠨ ᠨᠢᠭᠤᠷ ᠤᠨ ᠳᠡᠭᠡᠷᠡ 2 000 m ᠪᠤᠯ ᠪᠤᠯ ᠬᠦᠮᠦᠰ ᠤᠨ ᠠᠵᠢᠯᠠᠬᠤ ᠬᠦᠷᠬᠦ᠃

ᠴᠠᠭ ᠤᠨ ᠳᠤᠮᠳᠠ ᠪᠤᠯ 120 ~ 200 m᠂ ᠬᠠᠮᠤᠭ ᠤᠨ ᠨᠠᠮᠠᠭᠤ ᠨᠢ 400 ~ 500 m᠂ ᠬᠠᠮᠤᠭ ᠳᠤᠮᠳᠠ ᠶᠢᠨ ᠪᠤᠯ 1 000 ~

ᠳᠡᠭᠡᠷᠡ ᠨᠢ ᠳᠠᠯᠠᠶ ᠶᠢᠨ ᠨᠢᠭᠤᠷ ᠤᠨ ᠳᠤᠮᠳᠠ ᠬᠡᠮᠵᠢᠶ᠂ ᠳᠠᠯᠠᠶ ᠶᠢᠨ ᠳᠡᠭᠡᠷᠡ ᠨᠢ ᠳᠠᠯᠠᠶ ᠶᠢᠨ ᠨᠢᠭᠤᠷ ᠤᠨ ᠭᠡᠵᠦ᠃

[illegible]

[illegible] 36° [illegible] 23° [illegible]

[illegible] 4 500 ~ 5 000 m [illegible]

3 000 m [illegible]) [illegible] 2 000 m [illegible] (

1 200 m [illegible] 1 400 ~ 1 500 m [illegible]

[illegible] 120 ~ 200 m [illegible] 400 ~ 500 m [illegible] 1 000 ~

[illegible]

二、气候特征

我国草原主要包括温带草原、典型草原、草甸草原、荒漠草原、高寒草甸和高寒草原。温带草原属于温带半干旱至半湿润气候，年平均气温为-3～9℃；年降水量为150～500 mm，大多在350 mm以下，降水变率大，主要集中在夏季。典型草原属于温带半干旱气候，年平均气温为2～12℃，年降水量为250～450 mm，湿润度0.86～1.18。草甸草原属于半湿润气候，年降水量为350～450 mm，年平均气温在0℃左右。荒漠草原属于大陆气候，年平均气温在7℃左右，年降水量≤200 mm，气候干燥，少雨。高寒草甸和高寒草原寒冷潮湿，年平均气温多在0℃以下，年降水量约为400 mm。

ᠴᠠᠭ ᠠᠭᠤᠷ ᠤᠨ ᠨᠥᠬᠥᠴᠡᠯ ᠂ 400 mm ᠬᠦᠷᠴᠦ ᠴᠢᠳᠠᠨ᠎ᠠ ᠃

... 7℃ ... ᠵ ≤ 200 mm ... 350 ～ 450 mm ...

2 ～ 12℃ ... 250 ～ 450 mm ... 0.86 ～ 1.18 ...

- 3 ～ 9℃ ... 150 ～ 500 mm ... 350 mm ...

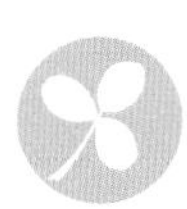

三、草原特征

　　天然草地是具有一定面积，由草本植物、半灌木或灌木为主体组成的植被及其生长地的总体，是畜牧业的生产资料，也是具有潜在放牧价值的土地类型，还是具有多种功能的自然资源和人类生存的重要环境。草原地区降水量少，呈干旱、半干旱状况，拥有漫长且寒冷的冬季，高大的乔木无法生长，而在夏季雨量集中，日照充分，适于牧草生长。依据水热条件不同，草原可划分为典型草原、荒漠草原和草甸草原等类型。典型草原主要建群种为羊草、针茅、隐子草等禾草；荒漠草原主要建群种为戈壁针茅、小针茅、短花针茅、沙生针茅、东方针茅、高加索针茅、无芒隐子草等旱生丛生小禾草；草甸草原主要建群种为贝加尔针茅、羊草、隐子草、野古草、拂子茅等禾草，以及柴胡、萎陵菜、麻花头、蒿类等杂类草。

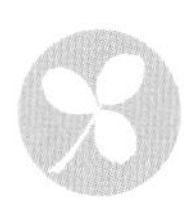

第二节 草原的功能

一、生态功能

草原是重要的战略资源，是我国陆地生态系统的主体之一，是面积最大的绿色生态屏障。草原作为"地球的皮肤"，具有防风固沙、涵养水源、保持水土、净化空气以及维护生物多样性等重要生态功能。

我国天然草原大多位于大江、大河的源头和上中游地区，面积大、分布广，对减少地表水土冲刷和江河泥沙淤积，降低水灾隐患具有不可替代的作用。如果说森林是垂直屏障，草原则是水平屏障。

人类社会进入21世纪后，生态环境已成为制约社会可持续发展的重要因素，保护和改善生态环境已成为全球性的共识，保护草原资源和草原生态系统的平衡是我国关注的焦点。近几年，我国草原灾害频发，对国家生态安全已构成了威胁。建立草原的防灾减灾体系，研究、预防、减少草原各类灾害发生，对于增强草原抗灾防灾能力，提高草原畜牧业生产水平，改善我国的生态环境具有十分重要的战略意义。

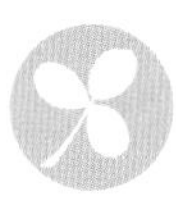

（一）涵养水源

天然草地涵养水源能力是农田的40～100倍。天然草地上的植被具有茎叶繁茂、株丛密集、根系发达等特点：繁茂的茎叶可以遮挡雨水，防止对裸地直接冲刷；密集的株丛阻断了地表径流，防止水土流失；发达的根系可以固结土壤，抵抗侵蚀，加大蓄水保墒能力。同时，草本植物相较于乔木生长速度 快，耗水量却远远低于乔木。尤其是在水土流失最为严重的雨季，草本植物生长迅速，可以形成盖度和密度很大的植被，作用巨大，也给地面带来了丰富的有机质，改善了土壤的理化性质，加强了土壤涵养水源的能力。

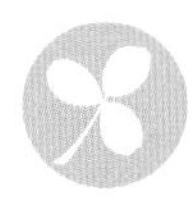

（二）物种多样性

天然草地生态系统中拥有1.7万余种动植物，是物种最为丰富的生态系统之一。生态系统功能最终需要通过生物多样性来实现，生物多样性是控制生态系统生产力、稳定性、养分循环、碳固存等功能和过程的基本要素。物种均匀度和丰富度在一定程度上的增加有利于促进生产力，增加生态系统稳定性，而这种影响是曲线或非线性的。通过外界适度的干扰可以促进群落中植物的生长，增加其物种丰富度，促进生态系统的稳定性，但是长期过度干扰是导致我国草地退化的主要原因。草地退化会导致生物多样性减少，生产力大幅度下降，土壤侵蚀加剧，严重威胁了天然草地的健康。

ᠮᠠᠯ ᠤ᠋ᠨ ᠲᠣᠭ᠎ᠠ ᠨᠢ ᠳ᠋ᠣ 1.7 ᠳᠠᠬᠢᠨ ᠢᠶᠠᠷ ᠨᠡᠮᠡᠭᠳᠡᠭᠰᠡᠨ ᠪᠠᠶᠢᠨ᠎ᠠ ᠃ ᠡᠬᠦᠨ ᠤ᠋ ᠤᠯᠠᠮ ᠠᠴᠠ ᠪᠡᠯᠴᠢᠬᠡᠷ ᠤᠨ ᠡᠪᠡᠰᠦ ᠤ᠋ᠨ

(ᠨᠢᠬᠡ) ᠡᠪᠡᠰᠦ ᠪᠡᠨ ᠳᠠᠷᠤᠢ ᠬᠠᠳᠤᠬᠤ ᠳᠤᠬᠠᠢ

ᠬᠡᠷᠡᠭ ᠲᠠᠢ ᠃

ᠳᠠᠷᠤᠮᠠᠯ ᠤᠨ ᠳᠣᠣᠷ᠎ᠠ ᠨᠢ ᠪᠠᠶᠢᠭ᠎ᠠ ᠃

- 15 -

（三）净化空气

　　天然草地是生态环境的天然绿色屏障，对空气的净化具有至关重要的作用。天然草地有机碳储量占全世界陆地生态系统的33%～34%，有重要的碳汇功能。草本植物通过光合作用吸收大气中的二氧化碳，增加空气中的氧气含量，减轻温室效应，达到净化空气的效果。在此过程中，草本植物对空气中的有害物质具有一定的吸附作用，有利于减少空气中的污染物含量，同时防止沙土弥漫到空气中，间接净化了空气，提高了空气质量。

ᠪᠠᠶᠢᠭᠠᠯᠢ ᠶᠢᠨ ᠨᠤᠭᠤᠭᠠᠨ ᠤ ᠬᠡᠷᠡᠭᠯᠡᠭᠡ ᠂ ᠡᠪᠡᠰᠦ ᠶᠢ ᠬᠤᠷᠢᠶᠠᠬᠤ ᠳᠤ ᠬᠡᠷᠡᠭᠯᠡᠭᠳᠡᠨ᠎ᠡ ᠬᠡᠷᠡᠭᠯᠡᠭᠡ ᠂ ᠡᠪᠡᠰᠦᠨ ᠤ ᠬᠤᠷᠢᠶᠠᠯᠲᠠ ᠂ ᠡᠪᠡᠰᠦᠨ ᠤ ᠬᠡᠮᠵᠢᠶ᠎ᠡ ᠶᠢ ᠳᠡᠭᠡᠭᠰᠢᠯᠡᠭᠦᠯᠬᠦ ᠂ ᠬᠤᠷᠢᠶᠠᠯᠲᠠ ᠶᠢᠨ ᠬᠡᠮᠵᠢᠶ᠎ᠡ ᠶᠢ ᠨᠡᠮᠡᠭᠳᠡᠭᠦᠯᠬᠦ ᠂ ᠡᠪᠡᠰᠦ ᠶᠢ ᠬᠤᠷᠢᠶᠠᠬᠤ ᠳᠤ ᠬᠡᠷᠡᠭᠯᠡᠭᠳᠡᠨ᠎ᠡ ᠃ ᠡᠪᠡᠰᠦᠨ ᠤ ᠬᠤᠷᠢᠶᠠᠯᠲᠠ ᠨᠢ 33% ~ 34% ᠬᠦᠷᠲᠡᠯ᠎ᠡ ᠨᠡᠮᠡᠭᠳᠡᠨ᠎ᠡ ᠂ ᠡᠪᠡᠰᠦ

(ᠳᠦᠷᠪᠡ) ᠡᠪᠡᠰᠦ ᠶᠢ ᠬᠤᠷᠢᠶᠠᠬᠤ

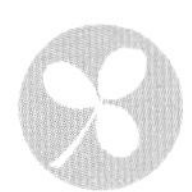

二、生产功能

我国天然草原大多分布在边区、山区、老区和少数民族地区，而这些地区往往又是贫困人口比较集中的地区。我国许多少数民族分布在草原地区，经济发展相对落后，是我国小康社会建设的重点和难点。这些地区的发展对草业的依赖度相当高，草原畜牧业既是基础产业，也是优势产业。

草原是一种特殊生产资料。作为大面积畜牧业生产基地，它在多种因素的矛盾运动中，进行着复杂的能量和物质的转化过程。我们从这个过程中取得人类所需要的畜产品，这就是通常所说的草原生产功能。草原生产功能体现在如下方面：植物性与动物性原材料生产；重要的牲畜放牧场，能生产肉、奶、皮、毛，能提供大量的畜产品，能生产饲料及食物，具有特有的经济功能。草原通过增加草食畜产品供给，已成为农业生产结构调整的重要内容和保障国家粮食安全的重要途径。

（Mongolian script, vertical text, read right-to-left)

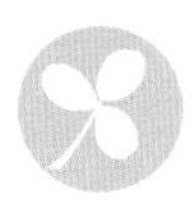

（一）提供优质饲草料

天然草地为牲畜提供饲料，是牲畜赖以生存的环境。牧草通过吸收太阳能，并把这种能量转化成光合作用的产物，为畜牧业生产提供干物质。

天然草地不仅是家畜饲料的重要来源和整个食物生产系统的重要组成部分，而且是一种重要的可更新资源。在自然资源日益减少，人口不断增加，对扩大食品生产的需求与日俱增的情况下，必须强调天然草地的建设和保护利用，提升天然草地饲草料的生产潜力，提高天然草地饲草料的生产品质。

ᠵᠢᠨ ᠳ᠋ᠤ ᠬᠢᠴᠢᠶᠡᠯ ᠨᠦᠭᠦᠳ ᠢ ᠬᠠᠪᠰᠤᠷᠠᠭᠤᠯᠤᠭᠰᠠᠨ ᠪᠠᠢᠨ᠎ᠠ᠂ ᠬᠡᠷᠡᠭᠴᠡᠭᠡᠨ ᠳᠦ ᠳᠡᠮᠵᠢᠭᠳᠡᠬᠦ ᠶᠢᠨ ᠲᠤᠯᠠᠳᠠ᠄

ᠬᠠᠮᠤᠭ ᠤᠨ ᠰᠡᠭᠦᠯ ᠳᠡᠭᠡᠨ᠂ ᠨᠤᠮ ᠢ ᠪᠢᠴᠢᠬᠦ ᠶᠠᠪᠤᠴᠠ ᠳᠤ᠂ ᠬᠦᠷᠢᠶᠡᠯᠡᠩ ᠤᠨ

ᠡᠷᠳᠡᠮ ᠰᠢᠨᠵᠢ ᠳᠦ ᠠᠵᠢᠯᠲᠠᠨ ᠤ ᠰᠤᠳᠤᠯᠭᠠᠨ ᠤ ᠳ᠋ᠦᠩ ᠢ ᠠᠰᠢᠭᠯᠠᠭᠰᠠᠨ ᠪᠦᠭᠡᠳ᠂ ᠬᠤᠯᠪᠤᠭᠳᠠᠯ

ᠪᠦᠬᠦᠢ ᠡᠷᠳᠡᠮ ᠰᠢᠨᠵᠢᠯᠡᠭᠡᠨ ᠤ ᠳᠤᠭᠳᠠᠭᠠᠯ ᠤ ᠦᠷ᠎ᠡ ᠪᠦᠲᠦᠭᠡᠯ ᠢ ᠠᠰᠢᠭᠯᠠᠭᠰᠠᠨ ᠪᠠᠢᠨ᠎ᠠ᠂

ᠡᠨᠳᠡ ᠨᠢᠭᠡᠨ ᠵᠡᠷᠭᠡ ᠲᠠᠯᠠᠷᠬᠠᠯ ᠢᠶᠠᠨ ᠢᠯᠡᠳᠬᠡᠶ᠎ᠡ᠃

（ᠭᠤᠷᠪᠠ）ᠨᠤᠮ ᠤᠨ ᠳᠤᠲᠤᠷᠠᠬᠢ ᠳᠤᠲᠠᠭᠳᠠᠯ

（二）牧民增产增收

　　草原上的牧民以放牧为生，牧区的生态环境与牧业增效、牧民增收之间有着直接的关系。近年来，草原局部退化，草畜矛盾突出；牧民经营理财能力弱，生产技能单一；传统游牧文化与现代生产经营方式的矛盾凸显。对此，草原增绿、牧业增效、牧民增收成为牧区发展的主要目标。天然草地的合理利用是破除困境、增收致富的有效手段，应该通过围栏封育和退化改良等手段提高草地生态水平，让草原增绿；通过划区轮牧和合理刈割等手段提升草地管理水平，让牧业增效；通过改变经营结构和创新生产营销模式，让牧民增收。

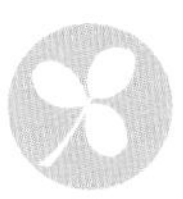

（三）畜牧业可持续发展

　　草原是发展草地畜牧业的物质基础，也是一种人类可利用且不可缺少的自然资源，能不断更新，为人类生存提供物质和能源。草原的变化在一定程度上影响着人们生活和社会发展，如果受到破坏，不仅会影响人们赖以生存的环境，也会影响到草地畜牧业的发展，因此，必须重视草原的可持续发展，按照生态保护和绿色发展的原则，加强草原管理，促进我国畜牧业的发展。

ᠬᠡᠷᠡᠭᠯᠡᠬᠦ ᠪᠡᠷ ᠰᠣᠶᠣ ᠂ ᠡᠪᠡᠰᠦ ᠂ ᠨᠣᠭᠤᠭ᠎ᠠ ᠶᠢᠨ ᠳᠠᠷᠤᠯᠭ᠎ᠠ ᠶᠢ ᠬᠢᠴᠢᠶᠡᠩᠭᠦᠢᠯᠡᠬᠦ ᠪᠡᠷ ᠰᠣᠳᠤᠯᠤᠭᠰᠠᠨ᠃ ᠡᠷᠭᠡ ᠪᠣ ᠮᠠᠯ ᠤᠨ ᠡᠪᠡᠰᠦ ᠶᠢᠨ ᠳᠠᠷᠤᠯᠭ᠎ᠠ ᠶᠢ ᠲᠣᠬᠢᠷᠠᠭᠤᠯᠬᠤ ᠳ᠋ᠤ᠋᠃

ᠲᠣᠬᠢᠷᠠᠭᠤᠯᠬᠤ ᠪᠡᠷ ᠲᠠᠷᠢᠶ᠎ᠠ ᠮᠠᠯ ᠤᠨ ᠬᠡᠷᠡᠭᠯᠡᠬᠦ ᠶᠢ ᠲᠣᠬᠢᠷᠠᠭᠤᠯᠵᠤ᠃ ᠮᠠᠯ ᠤᠨ ᠡᠪᠡᠰᠦ ᠶᠢᠨ ᠳᠠᠷᠤᠯᠭ᠎ᠠ ᠶᠢ ᠳᠠᠷᠤᠯᠭ᠎ᠠ᠃

(ᠪᠣᠷᠤᠭᠤ) ᠮᠠᠯ ᠤᠨ ᠡᠪᠡᠰᠦ ᠶᠢ ᠲᠣᠬᠢᠷᠠᠭᠤᠯᠬᠤ

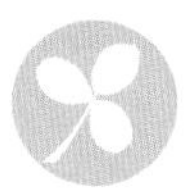

三、生活功能

 草原不仅为人类提供了生态服务和生产产品，也创造了户外休闲、旅游和娱乐的草原风景和绿色环境条件。草原生活功能体现在游牧民族的文化、特色的传统、艺术和科学等的载体，即以游牧文明为主要内容的草原生态文明。游牧民族创造的有利于保护自然生态的游牧经济和文化，蕴含了"天人合一"、崇尚自然的进步理念。经过历史积淀，草原文化已成为敬畏自然、尊重草原、维护草原生态良性发展的重要精神动力，并以草原生态文明为主题，把草原自然景观与人文景观统筹结合，多角度开展草原知识科普、草原文化体验、草原生命教育等社会人文活动，推动了自然与社会的和谐融合。

ᠨᠢᠭᠡᠳᠦᠭᠡᠷ ᠂ ᠬᠡᠯᠡᠯᠴᠡᠬᠦ ᠶᠢᠨ ᠴᠢᠬᠤᠯᠠ

ᠬᠣᠶᠠᠷ ᠂ ᠪᠡᠯᠴᠢᠭᠡᠷ ᠤᠨ ᠡᠵᠡᠩᠨᠡᠯᠲᠡ

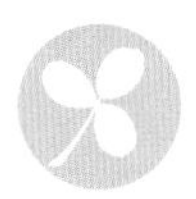

（一）休闲娱乐的场所

随着社会经济的发展和人民生活水平的提高，如今生态旅游已成为旅游市场的热点。生态旅游是以景观、旅游和农业相结合为基础条件的产业，是发展观光、休闲、娱乐等为一体的生产经营模式。草原生态旅游的快速发展对畜牧业结构优化、畜牧业生产、环境改善和农牧民收入方面都有积极的意义。以内蒙古呼伦贝尔草原为例，它是我国目前保存最完好的草原，水草丰美，生长着碱草、针茅、苜蓿、冰草等120多种营养丰富的牧草，夏季草长莺飞，牛羊遍地。游客可以在这里骑马、骑骆驼，观看摔跤、赛马、乌兰牧骑演出，吃草原风味"全羊宴"，而晚上的篝火晚会常年吸引大量游客前往。旅游业是提高当地经济水平的重要产业，所以拓展草原休闲娱乐和生态保护功能，是建立经济、社会、自然协调发展的重要举措。

ᠮᠤᠩᠭᠤᠯᠴᠤᠳ ᠤᠨ ᠮᠠᠯ ᠤᠨ ᠠᠰᠠᠷᠠᠮᠵᠢ᠂ ᠲᠡᠵᠢᠭᠡᠯᠭᠡ᠂ ᠬᠠᠮᠢᠶᠠᠷᠤᠯᠲᠠ᠂ ᠲᠡᠵᠢᠭᠡᠨ ᠦᠷᠡᠵᠢᠬᠦᠯᠭᠡ ᠶᠢᠨ ᠲᠤᠬᠠᠢ ᠮᠡᠳᠡᠯᠭᠡ ᠪᠠᠨ ᠪᠢᠴᠢᠭᠯᠡᠵᠡᠢ ᠃᠃

ᠡᠭᠦᠨ ᠤ ᠳᠠᠷᠠᠭ᠎ᠠ ᠶᠢᠨ ᠮᠠᠯ ᠤᠨ ᠰᠤᠳᠤᠯᠤᠯ ᠤᠨ ᠲᠤᠬᠠᠢ ᠪᠢᠴᠢᠭᠳᠡᠭᠰᠡᠨ ᠨᠤᠮ ᠪᠤᠯ ᠮᠠᠨ ᠤ ᠤᠯᠤᠰ ᠤᠨ ᠬᠤᠢ ᠡᠨᠡᠳᠬᠡᠭ ᠦᠨ ᠬᠠᠭᠠᠨ ᠤ ᠦᠶ᠎ᠡ ᠳᠦ ᠪᠢᠴᠢᠭᠳᠡᠭᠰᠡᠨ《 ᠮᠠᠯᠵᠢᠯ ᠤᠨ ᠤᠬᠠᠭᠠᠨ 》ᠬᠡᠮᠡᠬᠦ ᠨᠤᠮ ᠪᠠᠢᠨ᠎ᠠ ᠃᠃ ᠡᠨᠡ ᠨᠤᠮ ᠤᠷᠤᠰ ᠤᠨ ᠮᠠᠯ ᠠᠵᠤ ᠠᠬᠤᠢ ᠶᠢᠨ ᠰᠤᠳᠤᠯᠤᠯ ᠤᠨ ᠰᠠᠭᠤᠷᠢ ᠪᠤᠯᠵᠤ᠂ ᠮᠠᠯ ᠤᠨ ᠰᠤᠳᠤᠯᠤᠯ ᠤᠨ ᠲᠡᠦᠬᠡᠨ ᠳᠦ ᠴᠢᠬᠤᠯᠠ ᠪᠠᠢᠷᠢ ᠶᠢ ᠡᠵᠡᠯᠡᠵᠦ ᠪᠠᠢᠳᠠᠭ ᠃᠃

ᠨᠤᠮ ᠤᠨ ᠠᠭᠤᠯᠭ᠎ᠠ ᠳᠤ ᠮᠠᠯ ᠤᠨ ᠡᠭᠦᠯᠳᠡᠷ᠂ ᠰᠢᠯᠢᠳᠡᠭ᠂ ᠠᠰᠠᠷᠠᠮᠵᠢ᠂ ᠲᠡᠵᠢᠭᠡᠯᠭᠡ᠂ ᠬᠠᠮᠢᠶᠠᠷᠤᠯᠲᠠ᠂ ᠦᠷᠡᠵᠢᠬᠦᠯᠭᠡ ᠶᠢᠨ ᠲᠤᠬᠠᠢ ᠲᠤᠳᠤᠷᠬᠠᠢᠯᠠᠵᠤ᠂ ᠮᠠᠯ ᠤᠨ ᠡ ᠡᠪᠡᠳᠴᠢᠨ 120 ᠭᠠᠷᠤᠢ ᠵᠦᠢᠯ ᠤᠨ ᠡᠮᠨᠡᠯᠭᠡ ᠶᠢᠨ ᠲᠤᠬᠠᠢ ᠲᠡᠮᠳᠡᠭᠯᠡᠵᠡᠢ ᠃᠃ ᠮᠠᠯ ᠤᠨ ᠡ ᠡ ᠠᠰᠠᠷᠠᠮᠵᠢ᠂ ᠲᠡᠵᠢᠭᠡᠯᠭᠡ᠂ ᠬᠠᠮᠢᠶᠠᠷᠤᠯᠲᠠ ᠶᠢᠨ ᠲᠤᠬᠠᠢ ᠰᠤᠳᠤᠯᠤᠯ ᠤᠨ ᠦᠨᠳᠦᠰᠦᠯᠡᠯ ᠪᠤᠯᠬᠤ ᠶᠢᠨ ᠬᠠᠮᠲᠤ᠂ ᠮᠠᠯ ᠠᠵᠤ ᠠᠬᠤᠢ ᠶᠢᠨ ᠰᠤᠳᠤᠯᠤᠯ ᠤᠨ ᠰᠠᠭᠤᠷᠢ ᠶᠢ ᠲᠠᠯᠪᠢᠵᠠᠢ ᠃᠃ ᠡᠨᠡ ᠨᠤᠮ ᠮᠠᠨ ᠤ ᠤᠯᠤᠰ ᠤᠨ ᠮᠠᠯ ᠠᠵᠤ ᠠᠬᠤᠢ ᠶᠢᠨ ᠰᠤᠳᠤᠯᠤᠯ ᠤᠨ ᠬᠦᠭᠵᠢᠯᠲᠡ ᠳᠦ ᠴᠢᠬᠤᠯᠠ ᠦᠢᠯᠡᠳᠦᠯ ᠦᠵᠡᠭᠦᠯᠵᠡᠢ ᠃᠃

ᠮᠠᠨ ᠤ ᠤᠯᠤᠰ ᠤᠨ ᠮᠠᠯ ᠠᠵᠤ ᠠᠬᠤᠢ ᠶᠢᠨ ᠰᠤᠳᠤᠯᠤᠯ ᠤᠨ ᠦᠨᠳᠦᠰᠦᠯᠡᠯ ᠪᠤᠯᠬᠤ ᠶᠢᠨ ᠬᠠᠮᠲᠤ᠂ ᠲᠡᠯᠡᠬᠡᠢ ᠶᠢᠨ ᠮᠠᠯ ᠠᠵᠤ ᠠᠬᠤᠢ ᠶᠢᠨ ᠰᠤᠳᠤᠯᠤᠯ ᠤᠨ ᠲᠤᠬᠠᠢ ᠴᠢᠬᠤᠯᠠ ᠨᠦᠯᠦᠭᠡ ᠦᠵᠡᠭᠦᠯᠵᠡᠢ ᠃᠃

（ ᠳᠦᠷᠪᠡ ）ᠮᠠᠯᠵᠢᠯ ᠤᠨ ᠤᠬᠠᠭᠠᠨ ᠤ ᠬᠦᠭᠵᠢᠯᠲᠡ

（二）草原文化的传承

草原作为草原文化的发祥地和众多游牧民族的发源地，传承着古老草原文化的历史内涵、孕育着现代草原文化的创新内涵。草原文化作为中华文明的重要组成之一，具有鲜明的地域特点，与中原文化共存并行、互为补充，共同为中华文明的演进注入生机与活力。加强草原保护和建设，有利于传承草原文化丰富的内涵、多样的形态、鲜明的特色，有利于保护和建设北方民族的发祥地、汉民族与北方少数民族的融合地和东西方文明的交汇地。

ᠪᠠᠰᠠ ᠬᠠᠮᠤᠭᠳᠤ ᠨᠢ ᠠᠷᠪᠠᠨᠤᠭᠰᠠᠨ ᠨᠤᠲᠤᠭᠯᠠᠯ ᠤᠨ ᠭᠠᠵᠠᠷᠤᠨ ᠠ᠊ ᠬᠦᠳᠡᠯᠮᠦᠷᠢᠯᠡᠭᠦ ᠪᠤᠶᠤ ᠴᠠᠭᠯᠠᠰᠢ ᠦᠭᠡᠢ ᠪᠠᠷ ᠠᠰᠢᠭᠯᠠᠬᠤ᠂ ᠲᠤᠬᠠᠢᠯᠠᠪᠠᠯ ᠂ ᠨᠤᠲᠤᠭᠯᠠᠯ ᠤᠨ ᠠᠷᠠᠳ ᠤᠨ ᠮᠠᠯᠵᠢᠯ ᠤᠨ ᠭᠠᠵᠠᠷ ᠤᠨ ᠡᠵᠡᠮᠳᠡᠯ᠂ ᠬᠠᠮᠢᠶᠠᠷᠤᠯᠲᠠ ᠳᠤ ᠬᠦᠨᠳᠦ ᠤᠴᠢᠷᠲᠠᠢ ᠂ ᠠᠰᠢᠭ ᠲᠤᠰᠠ ᠵᠢ ᠨᠢᠭᠡ ᠲᠠᠯ ᠠ ᠵᠢᠨ ᠢᠶᠡᠨ ᠬᠠᠷᠠᠭᠠᠯᠵᠠᠵᠤ ᠂ ᠨᠥᠭᠦᠭᠡ ᠲᠠᠯ ᠠ ᠵᠢᠨ ᠨᠢ ᠬᠠᠷᠠᠭᠠᠯᠵᠠᠬᠤ ᠦᠭᠡᠢ᠂ ᠮᠠᠯᠵᠢᠬᠤ ᠭᠠᠵᠠᠷ ᠤᠨ ᠨᠤᠲᠤᠭᠯᠠᠯ ᠢ ᠲᠦᠷ ᠵᠠᠭᠤᠷ ᠠ ᠵᠢᠨ ᠠᠰᠢᠭ ᠲᠤᠰᠠ ᠵᠢ ᠪᠣᠳᠣᠯᠬᠢᠯᠠᠵᠤ ᠂ ᠤᠷᠲᠤ ᠬᠤᠭᠤᠴᠠᠭᠠᠨ ᠤ ᠠᠰᠢᠭ ᠲᠤᠰᠠ ᠵᠢ ᠪᠣᠳᠣᠯᠬᠢᠯᠠᠬᠤ ᠦᠭᠡᠢ᠂ ᠡᠨᠡ ᠨᠢ ᠨᠤᠲᠤᠭᠯᠠᠯ ᠤᠨ ᠭᠠᠵᠠᠷ ᠤᠨ ᠲᠣᠭᠲᠠᠪᠤᠷᠢᠲᠠᠢ ᠬᠥᠭᠵᠢᠯᠲᠡ ᠳᠤ ᠮᠠᠰᠢ ᠮᠠᠭᠤ ᠨᠥᠯᠥᠭᠡ ᠦᠵᠡᠭᠦᠯᠦᠨ ᠠ᠃

ᠨᠤᠲᠤᠭᠯᠠᠯ ᠤᠨ ᠭᠠᠵᠠᠷ ᠢ ᠵᠣᠬᠢᠰᠲᠠᠢ ᠠᠰᠢᠭᠯᠠᠬᠤ ᠪᠣᠯ ᠨᠤᠲᠤᠭᠯᠠᠯ ᠤᠨ ᠭᠠᠵᠠᠷ ᠤᠨ ᠲᠣᠭᠲᠠᠪᠤᠷᠢᠲᠠᠢ ᠬᠥᠭᠵᠢᠯᠲᠡ ᠵᠢᠨ ᠱᠠᠭᠠᠷᠳᠠᠯᠭ ᠠ ᠮᠥᠨ᠃

(ᠲᠠᠪᠤ) ᠨᠤᠲᠤᠭᠯᠠᠯ ᠤᠨ ᠭᠠᠵᠠᠷ ᠢ ᠵᠣᠬᠢᠰᠲᠠᠢ

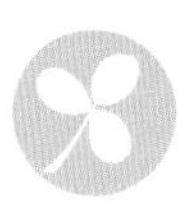

（三）牧区经济的繁荣

草原是畜牧业发展的重要物质基础和牧区居民赖以生存的基本生产资料。草原作为地区经济发展的基础和支柱性产业发展的载体，为全国人民提供天然乳制品、绿色牛羊肉，是国家绿色畜产品保障基地，也是北方纺织、制革、制药、能源、有色金属等产业的重要原料基地。加强草原保护和建设，促进畜牧业发展，不仅可以有效增加畜产品供给，保障国家肉食安全，更能有效扩大牧民就业，提高牧民收入，繁荣牧区经济。

ᠪᠠᠶᠢᠭᠤᠯᠤᠯᠲᠠ ᠶᠢ ᠬᠢᠬᠦ ᠃᠂

ᠮᠠᠯᠵᠢᠯ ᠤᠨ ᠪᠦᠰᠡ ᠨᠤᠲᠤᠭ ᠲᠤ ᠪᠡᠯᠴᠢᠭᠡᠷ ᠪᠠ ᠬᠠᠳᠤᠯᠠᠩ ᠨᠢ ᠡᠷᠬᠢᠮ ᠂ ᠡᠶᠢᠮᠦ ᠡᠴᠡ ᠪᠡᠯᠴᠢᠭᠡᠷ ᠤᠨ ᠰᠠᠶᠢᠵᠢᠷᠠᠭᠤᠯᠤᠯᠲᠠ ᠶᠢᠨ ᠠᠷᠭ᠎ᠠ ᠬᠡᠮᠵᠢᠶ᠎ᠡ ᠃ ᠲᠤᠬᠠᠶᠢᠯᠠᠪᠠᠯ ᠨᠢᠭᠡ ᠂ ᠲᠠᠷᠢᠮᠠᠯ ᠡᠪᠡᠰᠦ ᠪᠡᠯᠴᠢᠭᠡᠷ ᠢ ᠠᠰᠢᠭᠯᠠᠬᠤ ᠃ ᠬᠠᠳᠤᠯᠠᠩ ᠳᠤ ᠡᠪᠡᠰᠦ ᠪᠡᠯᠴᠢᠭᠡᠷ ᠢ ᠠᠰᠢᠭᠯᠠᠬᠤ ᠃ ᠲᠠᠷᠢᠮᠠᠯ ᠡᠪᠡᠰᠦ ᠪᠡᠯᠴᠢᠭᠡᠷ ᠢ ᠠᠰᠢᠭᠯᠠᠬᠤ ᠃᠂ ᠬᠤᠶᠠᠷ ᠂ ᠪᠠᠶᠢᠭᠠᠯᠢᠯᠢᠭ ᠪᠡᠯᠴᠢᠭᠡᠷ ᠢ ᠠᠰᠢᠭᠯᠠᠬᠤ ᠳᠤ ᠂ ᠭᠤᠷᠪᠠ ᠂ ᠮᠠᠯᠵᠢᠯ ᠤᠨ ᠪᠦᠰᠡ ᠨᠤᠲᠤᠭ ᠤᠨ ᠪᠡᠯᠴᠢᠭᠡᠷ ᠢ ᠬᠠᠮᠠᠭᠠᠯᠠᠬᠤ ᠃ ᠲᠦᠷᠪᠡ ᠂ ᠪᠡᠯᠴᠢᠭᠡᠷ ᠢ ᠡᠷᠬᠢᠯᠡᠨ ᠠᠰᠢᠭᠯᠠᠬᠤ ᠃ ᠲᠠᠪᠤ ᠂ ᠪᠡᠯᠴᠢᠭᠡᠷ ᠢ ᠰᠡᠯᠭᠦᠨ ᠠᠰᠢᠭᠯᠠᠬᠤ ᠃ ᠵᠢᠷᠭᠤᠭ᠎ᠠ ᠂ ᠪᠡᠯᠴᠢᠭᠡᠷ ᠢ ᠠᠮᠠᠷᠠᠭᠠᠬᠤ ᠵᠡᠷᠭᠡ ᠶᠢᠨ ᠠᠰᠢᠭᠯᠠᠯᠲᠠ ᠶᠢᠨ ᠠᠷᠭ᠎ᠠ ᠬᠡᠮᠵᠢᠶ᠎ᠡ ᠃᠂

(ᠭᠤᠷᠪᠠ) ᠪᠡᠯᠴᠢᠭᠡᠷ ᠢ ᠰᠡᠯᠭᠦᠨ ᠬᠠᠮᠠᠭᠠᠯᠠᠨ ᠡᠷᠬᠢᠯᠡᠨ ᠠᠰᠢᠭᠯᠠᠬᠤ

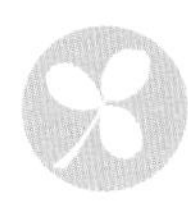

第二章　为什么要保护草原

第一节　草原利用现状

　　当前我国天然草地利用率低，在利用方式、承载力水平、管理方式等方面距国际先进水平有较大差距。我国北方天然草原平均每 $0.67 \sim 1\ hm^2$ 才能承载一个羊单位，与一些发达国家的先进水平相比仍有较大差距。长期以来，牧区的牲畜暖棚、青贮窖池、储草棚库等畜牧业生产设施建设投入严重不足，产业转型缓慢。草原畜牧业作为农牧民收入的主要来源，发展面临缺草料和低水平两只"拦路虎"。加之近年来，受全球气候变化异常影响，我国主要草原区高温、干旱、暴风雪等极端天气增多，病、虫、鼠害日趋频繁，严重威胁到草原生态安全，影响畜牧业生产和牧民增收，成为制约草原地区特别是牧区经济社会发展的瓶颈。

ᠲᠠᠷᠢᠶᠠᠯᠠᠩ ᠤᠨ ᠨᠤᠲᠤᠭ

ᠮᠠᠯᠵᠢᠬᠤ ᠣᠷᠣᠨ ᠤ ᠨᠤᠲᠤᠭ ᠤᠨ ᠪᠡᠯᠴᠢᠭᠡᠷ ᠢ ᠠᠰᠢᠭᠯᠠᠬᠤ

0.67 ~ 1 hm²

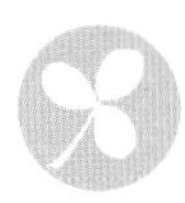

一、传统畜牧业

我国的传统畜牧业生产技术主要依靠农牧民直接的生产经验，简单地利用自然条件和畜禽的生产机能进行生产，畜舍和设备简陋，需要大量的人力、物力和畜力，生产效率较低。传统畜牧业一般是规模较小且缺乏社会分工的自给半自给的、粗放的生产方式。它虽然有农村生物资源充分利用，以及绿色、自然和口味好等优点，但同时具有生产速度慢、繁殖周期长、难以形成规模，以及需要大量人力、物力和畜力等缺点，已不能满足目前中国城乡居民对畜产品消费日益增长的需求。

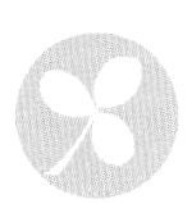

二、开垦草原

大规模开垦是直接破坏草原原生植被的行为，是对草原的毁灭性破坏，从古至今就没有停止。几千年的垦荒史造就了我国农业大国的地位。自20世纪50年代以来，我国草原遭遇了4次大开垦，共有1 930万hm²优质天然草原被开垦，全国现有耕地的18.2%源于草原。毁灭性开垦使北方草原几乎被逼到降水量300 mm以下的地区，有些地区的耕地甚至已

推进至250 mm降水线附近。直到现在违法开垦草原的案件仍时有发生，而且许多丰美的天然草原变成了需要治理的沙地，严重危及陆地生态系统的安全。违法开垦已经成为草原的第一大人为灾害。

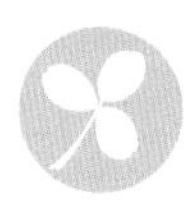

三、超载过牧

　　超载过牧是指因过度放牧使草原实际载畜量超过草原的生态承载能力，导致生态系统功能破坏、草原退化的灾害诱发行为。天然草原虽然是一种具有自我更新能力的自然资源，具有多种生态服务功能，特别是生产支持功能和自然再生产的特点是草原独具的优势。但是，天然草原生产力受特定的气候、土壤、植物群落组成和动物等条件限制，这些限制条件决定其初级生产力的波动性，是可以自身修复保持动态的平衡。在人类生产活动的过度干扰下，草原就会发生退化演替、生产力下降、生态系统遭受破坏、生态服务功能衰退。

(traditional Mongolian vertical script text)

四、滥挖滥采

在我国草原地区，有甘草、麻黄、柴胡、防风、苁蓉等药用植物，以及发菜、沙葱等名贵经济植物。大量、长期的挖坑、耧耙、砍伐等人为活动，对草原造成了严重的灾害性破坏。近年来，由于城市基础建设和公路、铁路建设速度的加快，基建用砂、石、土量成倍增长。在此情况下，运距近、成本低、易开采的草原便成了采砂、采石、采土者的青睐之地。

ᠭᠡᠰᠢᠭᠦᠨ ᠤ ᠰᠠᠶᠢᠵᠢᠷᠠᠭᠤᠯᠤᠯᠲᠠ ᠶᠢᠨ ᠮᠥᠷᠥ ᠶᠢ ᠪᠠᠷᠢᠮᠲᠠᠯᠠᠵᠤ᠂ ᠲᠠᠯᠠᠪᠠᠢ ᠶᠢᠨ ᠮᠥᠷᠥ ᠶᠢᠨ ᠬᠥᠮᠥᠷᠭᠡ ᠶᠢᠨ ᠰᠠᠭᠤᠷᠢᠨ ᠳᠡᠭᠡᠷᠡ᠃

ᠲᠥᠷᠥ ᠶᠢᠨ ᠬᠥᠭᠵᠢᠯᠲᠡ ᠶᠢᠨ ᠵᠠᠰᠠᠭ ᠤᠨ ᠠᠷᠭᠠ ᠪᠠᠷ᠂ ᠲᠠᠯᠠᠪᠠᠢ ᠶᠢᠨ ᠡᠪᠡᠰᠦ ᠶᠢ ᠰᠠᠶᠢᠵᠢᠷᠠᠭᠤᠯᠬᠤ ᠪᠠᠷ᠃ ᠲᠥᠷᠥ ᠶᠢᠨ

ᠲᠠᠯᠠᠪᠠᠢ ᠶᠢᠨ ᠬᠥᠮᠥᠷᠭᠡ ᠶᠢᠨ ᠰᠠᠶᠢᠵᠢᠷᠠᠭᠤᠯᠤᠯᠲᠠ ᠶᠢᠨ ᠮᠥᠷᠥ ᠶᠢ ᠪᠠᠷᠢᠮᠲᠠᠯᠠᠵᠤ᠂ ᠲᠠᠯᠠᠪᠠᠢ ᠶᠢᠨ ᠮᠥᠷᠥ ᠶᠢᠨ

ᠰᠠᠭᠤᠷᠢᠨ ᠳᠡᠭᠡᠷᠡ᠃ ᠲᠥᠷᠥ ᠶᠢᠨ ᠬᠥᠭᠵᠢᠯᠲᠡ ᠶᠢᠨ ᠵᠠᠰᠠᠭ ᠤᠨ ᠠᠷᠭᠠ ᠪᠠᠷ᠂ ᠲᠠᠯᠠᠪᠠᠢ ᠶᠢᠨ ᠡᠪᠡᠰᠦ ᠶᠢ

ᠰᠠᠶᠢᠵᠢᠷᠠᠭᠤᠯᠬᠤ ᠪᠠᠷ᠃

ᠮᠥᠷᠥᠨ᠂ ᠭᠡᠰᠢᠭᠦᠨ ᠤ᠂ ᠰᠠᠶᠢᠵᠢᠷᠠᠭᠤᠯᠤᠯᠲᠠ ᠶᠢᠨ᠂ ᠮᠥᠷᠥ ᠶᠢ᠂ ᠪᠠᠷᠢᠮᠲᠠᠯᠠᠵᠤ

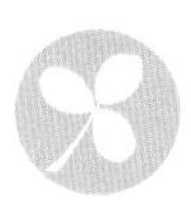

五、环境污染

（一）化肥、农药污染

　　由于饲料基地数量的增加和生物灾害的频繁暴发，大量化肥、农药投入草原。目前，农药已成为防治草原生物灾害不可或缺的因素。据不完全统计，近10年来，仅内蒙古用于防治草原鼠害、虫害投入的化学农药就超过10 000 t，其中每年用于灭虫的化学农药高达300～350 t。农药的广泛使用，虽然对生产发展起到了积极作用，能迅速控制和灭杀草原鼠害、虫害，减少损失，但长期使用也出现了诸如害虫的抗药性、对环境的污染、伤害植物、杀伤天敌、破坏自然生态平衡，以及在农畜产品中残留和积累危害人畜健康等问题。由于长期使用化肥以及杀虫剂导致更新土壤的蚯蚓数目减少等原因，草原土壤肥力和质量降低、土壤厚度变薄。我国受农药、重金属等污染的土地面积达上千万公顷。土地污染已经对我国生态环境质量、食物安全和社会经济可持续发展构成严重威胁。

（二）粪便污染

随着社会的不断富足，我国人均肉、奶和蛋的消费量逐年增加，其中由草食家畜提供的畜产品发挥了重要作用。生产这些产品会产生大量的养殖废弃物、禽畜粪便，由于得不到及时和完全的无害化处理，对环境造成严重的污染。据统计，我国每年畜禽粪便排放量约为1.4亿t，牧区人口粪便排放量约为1.5亿t，大部分几乎是直接排放。

ᠤᠰᠤᠯᠠᠬᠤ ᠳᠤ ᠬᠡᠷᠡᠭᠯᠡᠭᠳᠡᠬᠦ ᠲᠡᠷᠭᠡᠨ ᠤ ᠲᠦᠷᠦᠯ ᠢ ᠪᠠᠭᠠᠰᠬᠠᠬᠤ ᠂ ᠮᠠᠰᠢᠨ ᠤ ᠬᠡᠷᠡᠭᠯᠡᠯ ᠤᠨ ᠦᠷᠳᠡᠭ ᠢ 1.5

ᠬᠤᠪᠢ ᠪᠠᠷ ᠪᠠᠭᠠᠰᠬᠠᠬᠤ ᠶᠠᠪᠤᠳᠠᠯ ᠤᠨ ᠲᠤᠬᠠᠢ ᠂ ᠨᠠᠷᠢᠪᠴᠢᠯᠠᠨ ᠂ ᠡᠭᠦᠨ ᠳᠤ ᠠᠩᠬᠠᠷᠴᠤ ᠬᠡᠷᠡᠭᠯᠡᠨ ᠶᠠᠪᠤᠭᠤᠯᠬᠤ 1.4

ᠬᠤᠪᠢ ᠪᠠᠷ ᠪᠠᠭᠠᠰᠬᠠᠬᠤ ᠡᠴᠡ ᠭᠠᠳᠠᠨ᠎ᠠ ᠂ ᠲᠡᠵᠢᠭᠡᠯ ᠤᠨ ᠪᠤᠳᠠᠰ ᠤᠨ ᠪᠡᠯᠡᠳᠬᠡᠯ ᠤᠨ ᠦᠷᠳᠡᠭ ᠢ ᠪᠠᠭᠠᠰᠬᠠᠬᠤ ᠂

ᠮᠠᠰᠢᠨ ᠤ ᠬᠡᠷᠡᠭᠯᠡᠯ ᠤᠨ ᠠᠰᠢᠭᠯᠠᠯᠲᠠ ᠶᠢᠨ ᠦᠷ᠎ᠡ ᠪᠦᠲᠦᠮᠵᠢ ᠶᠢ ᠳᠡᠭᠡᠭᠰᠢᠯᠡᠭᠦᠯᠬᠦ ᠵᠡᠷᠭᠡ ᠶᠢ ᠠᠩᠬᠠᠷᠴᠤ ᠬᠡᠷᠡᠭᠯᠡᠭᠡᠷᠡᠢ ᠃

ᠲᠡᠵᠢᠭᠡᠯ ᠤᠨ ᠪᠤᠳᠠᠰ ᠤᠨ ᠪᠡᠯᠡᠳᠬᠡᠯ ᠢ ᠰᠠᠢᠨ ᠬᠢᠬᠦ ᠂ ᠲᠡᠵᠢᠭᠡᠯ ᠤᠨ ᠪᠤᠳᠠᠰ ᠤᠨ ᠬᠡᠮᠵᠢᠶ᠎ᠡ ᠶᠢ ᠨᠡᠮᠡᠭᠳᠡᠭᠦᠯᠬᠦ ᠂ ᠡᠭᠦᠨ ᠳᠤ

ᠠᠩᠬᠠᠷᠴᠤ ᠬᠡᠷᠡᠭᠯᠡᠬᠦ ᠶᠠᠪᠤᠳᠠᠯ ᠤᠨ ᠲᠤᠬᠠᠢ ᠃

(ᠦᠷᠭᠦᠯᠵᠢᠯᠡᠯ ᠤᠨ ᠬᠤᠶᠠᠷᠳᠤᠭᠠᠷ)

（三）旅游污染

　　草原资源与旅游资源协调发展在我国是一个新兴的资源整合模式。缺乏规划或不恰当规划的旅游开发对草原生态环境和草原植被造成破坏性灾害，主要表现在：滥用土地资源、固体废物污染、生活垃圾污染、生态平衡破坏、引发草原火灾等。草原重要景区大多因饱和与超载，出现局部区域的生态系统退化现象。旅游区配套设施不完备及游客本身素质较低等多方面原因，使与旅游有关的服务性行业产生大量的固体废物，并且不加处理或处理不当便丢弃于景区，严重污染了草原环境。

ᠳᠠᠬᠢᠨ ᠮᠠᠯᠴᠢᠨ ᠲᠠᠷᠢᠶᠠᠴᠢᠳ ᠤᠨ ᠠᠵᠤ ᠠᠬᠤᠢ ᠶᠢᠨ ᠴᠢᠨᠠᠷ᠂ ᠲᠦᠷᠦᠯ ᠵᠦᠢᠯ ᠤᠨ ᠤᠨᠴᠠᠯᠢᠭ ᠢ ᠦᠨᠳᠦᠰᠦᠯᠡᠨ᠂

ᠮᠠᠯᠵᠢᠬᠤ ᠡᠷᠬᠡ ᠶᠢᠨ ᠡᠵᠡᠩᠨᠡᠯᠲᠡ ᠶᠢᠨ ᠬᠡᠪ ᠨᠠᠮᠪᠠ᠂ ᠡᠵᠡᠩᠨᠡᠯᠲᠡ ᠶᠢᠨ ᠠᠷᠭᠠ ᠬᠡᠯᠪᠡᠷᠢ ᠶᠢ ᠲᠣᠭᠲᠠᠭᠠᠨ᠎ᠠ ᠃ ᠡᠭᠦᠨ ᠳᠤ

ᠮᠠᠯᠵᠢᠬᠤ ᠡᠷᠬᠡ ᠶᠢᠨ ᠡᠵᠡᠩᠨᠡᠯᠲᠡ ᠶᠢᠨ ᠠᠷᠭᠠ ᠬᠡᠯᠪᠡᠷᠢ ᠳ᠋ᠤ᠄ ᠮᠠᠯ ᠤᠨ ᠪᠡᠯᠴᠢᠭᠡᠷ ᠤᠨ ᠲᠠᠯᠠᠪᠠᠢ ᠶᠢ ᠪᠠᠳᠤᠯᠠᠬᠤ

ᠴᠢᠬᠤᠯᠠ ᠲᠠᠢ ᠃ ᠮᠠᠯᠵᠢᠬᠤ ᠡᠷᠬᠡ ᠶᠢᠨ ᠡᠵᠡᠩᠨᠡᠯᠲᠡ ᠶᠢᠨ ᠬᠡᠪ ᠨᠠᠮᠪᠠ ᠶᠢ ᠲᠣᠭᠲᠠᠭᠠᠬᠤ ᠳᠤ ᠮᠠᠯᠴᠢᠨ ᠲᠠᠷᠢᠶᠠᠴᠢᠳ ᠤᠨ

ᠪᠡᠯᠴᠢᠭᠡᠷ ᠤᠨ ᠲᠠᠯᠠᠪᠠᠢ ᠶᠢ ᠪᠠᠳᠤᠯᠠᠬᠤ ᠪᠠᠷ ᠦᠨᠳᠦᠰᠦ ᠪᠣᠯᠭᠠᠨ᠎ᠠ ᠃ ᠮᠠᠯᠴᠢᠨ ᠲᠠᠷᠢᠶᠠᠴᠢᠳ ᠤᠨ

ᠪᠡᠯᠴᠢᠭᠡᠷ ᠤᠨ ᠠᠰᠢᠭᠯᠠᠯᠲᠠ ᠶᠢᠨ ᠡᠷᠬᠡ ᠶᠢ ᠪᠠᠳᠤᠯᠠᠬᠤ ᠪᠠᠷ ᠦᠨᠳᠦᠰᠦ ᠪᠣᠯᠭᠠᠨ᠎ᠠ ᠃

(ᠲᠠᠪᠤ) ᠲᠠᠷᠬᠠᠭᠠᠯᠲᠠ ᠶᠢᠨ ᠬᠡᠯᠪᠡᠷᠢ

（四）交通污染

交通运输的高速发展对草原造成严重破坏。我国草原辽阔，许多地点往往交通不便，硬化的等级路面很少，无固定道路，汽车、摩托车肆意在植被上行驶，对草原的破坏在局部地区很严重。

由于煤矿开采、气候和人为等原因，草原上随处可见运输机械碾压草原植被。拉油的汽车、拉煤的汽车、旅游的汽车日复一日地奔驰在草原上，一些车辆无限制地开辟新路，草原上到处都是车辙，使植被遭受严重破坏。

ᠵᠡᠷᠭᠡ ᠨᠢ ᠬᠠᠮᠤᠭ ᠤ ᠠᠳᠠᠯᠢ ᠲᠡᠭᠰᠢ ᠪᠠᠶᠢᠳᠠᠭ ᠃ ᠡᠳᠦᠷ ᠦᠨ ᠬᠠᠯᠠᠭᠤᠨ ᠪᠠ ᠲᠦᠷᠢᠮ ᠦᠨ ᠦᠭᠡᠷᠡᠴᠢᠯᠡᠯᠲᠡ

ᠪᠠ ᠲᠡᠵᠢᠭᠡᠯ ᠪᠤᠷᠳᠤᠭ᠎ᠠ ᠶᠢᠨ ᠠᠳᠠᠯᠢᠳᠬᠠᠯ ᠂ ᠬᠠᠭᠤᠷᠠᠢ ᠪᠠ ᠴᠢᠭᠢᠭ ᠦᠨ ᠠᠳᠠᠯᠢᠳᠬᠠᠯ ᠃ ᠡᠳᠡᠭᠡᠷ ᠦᠨ

ᠪᠠᠶᠢᠳᠠᠯ ᠢᠶᠠᠷ ᠰᠤᠳᠤᠯᠤᠯ ᠂ ᠰᠤᠳᠤᠯᠤᠯᠲᠠ ᠶᠢᠨ ᠦᠷ᠎ᠡ ᠳ᠋ᠦᠩ ᠃ ᠡᠭᠦᠨ ᠦ ᠠᠳᠠᠯᠢ ᠪᠠᠷ ᠲᠤᠰ ᠭᠠᠵᠠᠷ ᠤᠨ ᠲᠠᠷᠢᠶᠠᠯᠠᠩ

ᠨᠢ ᠲᠠᠷᠢᠶᠠᠯᠠᠩ ᠤᠨ ᠰᠤᠶᠤᠯᠵᠢᠯᠲᠠ ᠪᠠ ᠰᠤᠳᠤᠯᠤᠯᠲᠠ ᠶᠢᠨ ᠠᠳᠠᠯᠢᠳᠬᠠᠯ ᠂ ᠡᠳᠡᠭᠡᠷ ᠦᠨ ᠪᠠᠶᠢᠳᠠᠯ ᠢᠶᠠᠷ ᠰᠤᠳᠤᠯᠤᠯ ᠤᠨ

ᠦᠷ᠎ᠡ ᠳ᠋ᠦᠩ ᠢᠶᠠᠷ ᠬᠠᠮᠤᠭ ᠃

（ ᠲᠠᠪᠤ ） ᠬᠠᠭᠤᠷᠠᠢ ᠴᠢᠭᠢᠭ ᠦᠨ ᠪᠠᠶᠢᠳᠠᠯ

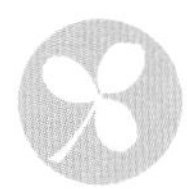

第二节 如何保护草原

一、提高保护意识

　　草原是我国的重要生态屏障，加强草原生态保护与建设，是推进农牧业绿色、高质量发展的内在要求。全民应高度重视草原保护，增强责任意识，广泛参与草原保护的行动。各级政府要切实增强责任感、紧迫感，把这件安国利民的大事做好，为全面建成小康社会、加快现代化建设提供稳定、安全的生态环境。各方需要采用各种形式宣传和普及草原保护知识，树立保护思想，提高全社会的防灾意识和减灾能力。

　　草原保护与草原执法监管、惠农惠牧政策落实、科学保护与利用草原等方面密切相关，因而要积极开展依法治草，强化草原保护政策和项目管理，大力促进草牧业发展，加强草原生物灾害绿色防控，推进草原保护和建设标准化，努力达到保护和提升草原生态质量、有效遏制草原退化趋势和促进草牧业发展的目的。

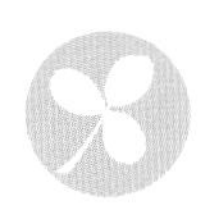

二、积极进行科技创新

应该加强草原保护的科学研究与技术创新，促进科技成果在草地生态领域的应用，制定草原合理利用与保护的中长期科技发展战略。加大国家对草原保护的科技资金投入，加快遥感、地理信息系统、全球定位系统和网络通信技术的应用，以及高技术含量成果的转化。利用物联网等信息化手段，建立草原监测信息收集、分析、决策及预报发布的网络系统，研究各类草原灾害发生、发展规律和趋势，评估牧草受害状况和草原生态系统的受损状况；建立并应用草原保护专家系统，提出控制策略和措施，指导草原的综合防治。

ᠲᠦᠷᠦᠭᠰᠡᠨ ᠤ ᠲᠤᠬᠠᠢ᠃

ᠪᠠᠢᠭᠠᠯᠢ ᠶᠢᠨ ᠲᠤᠭᠲᠠᠭᠠᠯ᠂ ᠡᠪᠡᠰᠦ ᠡᠷᠢᠶᠡᠨ ᠤ ᠲᠤᠬᠠᠢᠯᠠᠨ ᠪ ᠡᠪᠡᠰᠦᠨ ᠤ ᠲᠠᠷᠬᠠᠯᠲᠠ᠂ ᠨᠤᠲᠤᠭ ᠤᠨ ᠬᠠᠷᠢᠶᠠᠲᠤ ᠶᠢᠨ ᠨᠢᠭᠡ
ᠡᠪᠡᠰᠦᠨ ᠤ ᠪᠦᠯᠦᠭᠯᠡᠯ ᠂ ᠨᠤᠲᠤᠭ ᠤᠨ ᠵᠤᠬᠢᠶᠠᠯ ᠤ ᠡᠪᠡᠰᠦᠨ ᠤ ᠬᠠᠷᠢᠶᠠᠲᠤ ᠶᠢᠨ ᠨᠢᠭᠡ ᠳᠦ ᠲᠤᠬᠠᠢᠯᠠᠨ᠂ ᠡᠪᠡᠰᠦᠨ
ᠪᠦᠯᠦᠭᠯᠡᠯ ᠤᠨ ᠵᠠᠭᠪᠤᠷ ᠤ ᠤᠷᠢᠳᠠᠪᠠᠷ ᠦᠭᠡᠷᠡᠴᠢᠯᠡᠯᠲᠡ᠂ ᠡᠪᠡᠰᠦᠨ ᠤ ᠵᠤᠬᠢᠶᠠᠯ ᠤᠨ ᠲᠤᠬᠠᠢ ᠪ ᠤᠷᠢᠳᠠᠪᠠᠷ᠃
ᠡᠪᠡᠰᠦᠨ ᠤ ᠪᠦᠯᠦᠭᠯᠡᠯ ᠤ ᠨᠢᠭᠡᠳᠦᠭᠡᠷ ᠵᠠᠭᠪᠤᠷ᠂ ᠡᠪᠡᠰᠦᠨ ᠤ ᠲᠤᠬᠠᠢ ᠲᠤᠬᠠᠢᠯᠠᠨ᠂ ᠡᠪᠡᠰᠦᠨ ᠤ ᠲᠠᠷᠬᠠᠯᠲᠠ᠃
ᠡᠪᠡᠰᠦᠨ ᠤ ᠵᠠᠭᠪᠤᠷ ᠤ ᠲᠤᠬᠠᠢ᠂ ᠡᠪᠡᠰᠦᠨ ᠤ ᠲᠠᠷᠬᠠᠯᠲᠠ ᠶᠢᠨ ᠲᠤᠬᠠᠢᠯᠠᠨ᠂ ᠡᠪᠡᠰᠦᠨ ᠤ ᠪᠦᠯᠦᠭᠯᠡᠯ ᠤ
ᠲᠤᠬᠠᠢᠯᠠᠨ ᠪ ᠡᠪᠡᠰᠦᠨ ᠤ ᠲᠤᠬᠠᠢ᠃ ᠡᠪᠡᠰᠦᠨ ᠤ ᠵᠠᠭᠪᠤᠷ᠂ ᠡᠪᠡᠰᠦᠨ ᠤ ᠪᠦᠯᠦᠭᠯᠡᠯ ᠤᠨ ᠲᠤᠬᠠᠢᠯᠠᠨ᠃
ᠡᠪᠡᠰᠦᠨ ᠤ ᠵᠠᠭᠪᠤᠷ ᠤᠨ ᠲᠤᠬᠠᠢᠯᠠᠨ᠂ ᠡᠪᠡᠰᠦᠨ ᠤ ᠪᠦᠯᠦᠭᠯᠡᠯ ᠤᠨ ᠲᠤᠬᠠᠢ ᠪ ᠡᠪᠡᠰᠦᠨ ᠤ ᠲᠠᠷᠬᠠᠯᠲᠠ᠃
ᠡᠪᠡᠰᠦᠨ ᠤ ᠪᠦᠯᠦᠭᠯᠡᠯ᠂ ᠡᠪᠡᠰᠦᠨ ᠤ ᠲᠤᠬᠠᠢᠯᠠᠨ᠂ ᠡᠪᠡᠰᠦᠨ ᠤ ᠵᠠᠭᠪᠤᠷ ᠤᠨ ᠲᠤᠬᠠᠢᠯᠠᠨ ᠪ ᠡᠪᠡᠰᠦᠨ᠃
ᠡᠪᠡᠰᠦᠨ ᠤ ᠲᠤᠬᠠᠢ᠂ ᠡᠪᠡᠰᠦᠨ ᠤ ᠪᠦᠯᠦᠭᠯᠡᠯ ᠤᠨ ᠲᠤᠬᠠᠢᠯᠠᠨ᠂ ᠡᠪᠡᠰᠦᠨ ᠤ ᠵᠠᠭᠪᠤᠷ᠃

ᠲᠦᠷᠦ᠂ ᠡᠪᠡᠰᠦᠨ ᠤ ᠲᠤᠬᠠᠢ ᠪ ᠡᠪᠡᠰᠦᠨ ᠤ ᠲᠤᠬᠠᠢᠯᠠᠨ ᠤ ᠡᠪᠡᠰᠦᠨ ᠤ ᠲᠤᠬᠠᠢᠯᠠᠨ ᠳᠦ ᠡᠪᠡᠰᠦᠨ ᠤ ᠲᠤᠬᠠᠢᠯᠠᠨ

三、推广成熟的合理利用模式

推广成熟的合理利用草原的模式、生态原则和技术对策是保护草原的关键。国外的草原治理经验值得我们借鉴，如新西兰实行的"草畜平衡双发展"，而对比之下，国内的草原生产能力却明显落后。不过，随着我国草原保护一系列政策的颁布与实施，草原生态环境正日益转好。加上近些年信息化的迅猛发展，

草原的监测已不再是从前的牧民尺度、牧场尺度，退化速率逐渐减缓，植被逐渐恢复，草原生产力得到有效提高。

ᠲᠣᠭᠲᠠᠭᠰᠠᠨ ᠂ ᠬᠠᠷᠢᠭᠤᠴᠠᠯᠭᠠᠲᠤ ᠬᠦᠮᠦᠨ ᠢ ᠲᠣᠳᠣᠷᠬᠠᠢᠯᠠᠭᠰᠠᠨ ᠰᠠᠭᠤᠷᠢ ᠲᠡᠭᠡᠷ᠎ᠡ ᠂ ᠡᠷᠴᠢᠮᠵᠢᠭᠦᠯᠦᠭᠰᠡᠨ

ᠨᠡᠢᠲᠡ ᠂ ᠬᠤᠪᠢ ᠶᠢᠨ ᠬᠠᠷᠢᠯᠴᠠᠭ᠎ᠠ ᠬᠣᠯᠪᠣᠭᠠᠳᠠᠯᠳᠤ ᠵᠢᠴᠢ ᠂ ᠡᠨᠡ ᠬᠦ ᠲᠦᠷᠦ ᠶᠢᠨ ᠲᠦᠷᠦᠭᠡᠨ ᠵᠠᠰᠠᠭ ᠤᠨ

ᠬᠦᠷᠢᠶ᠎ᠡ ᠂ ᠬᠠᠷᠢᠭᠤᠴᠠᠯᠭᠠᠲᠤ ᠶᠢᠨ ᠲᠣᠭᠲᠠᠯᠴᠠᠭ᠎ᠠ ᠶᠢ ᠪᠦᠷᠢᠨ ᠲᠡᠭᠦᠯᠳᠡᠷᠵᠢᠭᠦᠯᠬᠦ ᠬᠡᠷᠡᠭᠲᠡᠢ ᠃ ᠡᠨᠡ ᠪᠣᠯ ᠮᠠᠨ ᠤ

ᠤᠯᠤᠰ ᠤᠨ ᠨᠡᠢᠲᠡ ᠶᠢᠨ ᠡᠵᠡᠮᠰᠢᠯᠳᠤ ᠨᠤᠲᠤᠭ ᠪᠡᠯᠴᠢᠭᠡᠷ ᠤᠨ ᠡᠷᠬᠡ ᠶᠢᠨ ᠡᠵᠡᠮᠰᠢᠯ ᠢ ᠢᠯᠡᠷᠡᠭᠦᠯᠬᠦ ᠶᠢᠨ

ᠬᠠᠮᠤᠭ ᠤᠨ ᠰᠠᠢᠨ ᠠᠷᠭ᠎ᠠ ᠪᠣᠯᠤᠨ᠎ᠠ ᠃ 《 ᠬᠤᠪᠢ ᠶᠢᠨ

ᠡᠵᠡᠮᠰᠢᠯ ᠢ ᠰᠢᠢᠳᠪᠦᠷᠢᠯᠡᠬᠦ ᠪᠡᠷ ᠳᠠᠮᠵᠢᠭᠤᠯᠤᠨ ᠨᠡᠢᠲᠡ ᠶᠢᠨ ᠡᠵᠡᠮᠰᠢᠯ ᠤᠨ ᠦᠷ᠎ᠡ ᠠᠰᠢᠭ ᠢ

ᠳᠡᠭᠡᠭᠰᠢᠯᠡᠭᠦᠯᠬᠦ ᠬᠡᠷᠡᠭᠲᠡᠢ 》 ᠂ ᠡᠨᠡ ᠪᠣᠯ ᠮᠠᠨ ᠤ ᠤᠯᠤᠰ ᠤᠨ ᠨᠡᠢᠲᠡ ᠶᠢᠨ ᠡᠵᠡᠮᠰᠢᠯᠳᠤ ᠨᠤᠲᠤᠭ

ᠪᠡᠯᠴᠢᠭᠡᠷ ᠤᠨ ᠡᠷᠬᠡ ᠶᠢ ᠢᠯᠡᠷᠡᠭᠦᠯᠬᠦ ᠶᠢᠨ ᠬᠠᠮᠤᠭ ᠤᠨ ᠰᠠᠢᠨ ᠠᠷᠭ᠎ᠠ ᠪᠣᠯᠤᠨ᠎ᠠ ᠃

ᠬᠣᠶᠠᠷ ᠂ ᠨᠤᠲᠤᠭ ᠪᠡᠯᠴᠢᠭᠡᠷ ᠤᠨ ᠬᠠᠮᠢᠶᠠᠷᠤᠯᠲᠠ ᠶᠢᠨ ᠲᠣᠭᠲᠠᠯᠴᠠᠭ᠎ᠠ ᠶᠢ ᠲᠡᠭᠦᠯᠳᠡᠷᠵᠢᠭᠦᠯᠬᠦ

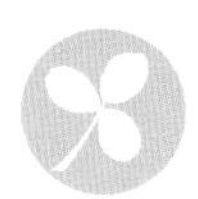

第三章　草原合理利用的技术与方法

　　合理利用天然草地资源是保持草原生态平衡，持续获得经济效益的前提。实践证明，合理利用草原是防止草原退化、保障生态安全和食物安全的最有效、最经济、最实用的途径，科学的利用就是最有效的保护。草原合理利用的一般原则是：通过天然草地的利用与休整，在时间和空间上实现科学组合；通过科学的放牧技术和刈割技术，使牧草生长与利用之间达到数量上的平衡，不断强化科学利用水平；通过科学的改良与修复技术，使退化草地生产功能稳步提升、生态功能显著加强；通过自然灾害的防治技术，提高草原灾害防控能力；通过加强草地基础设施的建设，提高草牧业综合效益；通过合理的经营模式，实现从"生产功能为主"到"生产和生态有机结合，生态优先"的创新理念。

ᠬᠣᠶᠠᠳᠤᠭᠠᠷ ᠪᠦᠯᠦᠭ ᠪᠡᠯᠴᠢᠭᠡᠷ ᠤᠰᠤᠯᠠᠯᠲᠠ ᠶᠢᠨ ᠠᠵᠢᠯᠠᠭᠤᠯᠠᠯᠲᠠ ᠶᠢᠨ ᠰᠢᠰᠲ᠋ᠧᠮ ᠤᠨ ᠬᠠᠮᠢᠶᠠᠷᠤᠯᠲᠠ

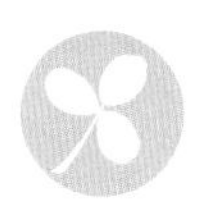

第一节　放牧草地的合理利用

　　我国在很长一段时间里，牧民主要靠游牧生活，逐水草而居。放牧是我国畜牧业发展的传统模式。在我国，因草原超载放牧使得草原生态环境恶化，导致草原退化速度加快和退化面积的逐年增加，因此合理利用草地才是维持牧区发展的长久之计。放牧家畜以草地为生活条件，一方面家畜采食牧草，从放牧地摄取营养物质，影响草地营养物质的循环；另一方面家畜在放牧时的践踏会影响草地土壤的物理结构，如紧实度、渗透率等。通过家畜与草地生态系统的相互作用和相互统一，可以维持放牧系统的稳定性，并持续获得高产性能。

ᠨᠠᠢᠮᠠᠳᠤᠭᠠᠷ ᠬᠡᠰᠡᠭ ᠪᠡᠯᠴᠢᠭᠡᠷ ᠤᠨ ᠬᠠᠮᠢᠶᠠᠷᠤᠯᠲᠠ ᠤᠷᠢᠳᠴᠢᠯᠠᠨ

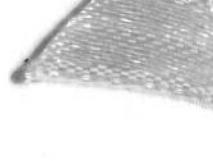

一、划区轮牧技术

划区轮牧是我国长期以来常用的放牧形式之一。它是一项综合性较强的草地放牧管理技术，主要通过充分利用饲草生长旺季的高营养特性，进行季节性、区块性的集约式放牧，以此来满足牲畜生长以及繁殖需要所形成的一种系统性、高效性的放牧管理系统。划区轮牧技术主要包括放牧场基本情况的确定、牧草产量及载畜量的确定、轮牧小区的确定，以及轮牧终牧期、始牧期、基础设施设计、轮牧管理方案等方面的确定。

ᠵᠢᠷᠭᠤᠭ᠎ᠠ ᠂ ᠪᠡᠯᠴᠢᠭᠡᠷ ᠤᠨ ᠮᠠᠯ ᠤᠨ ᠰᠦᠷᠦᠭ ᠤᠨ ᠲᠡᠩᠴᠡᠭᠦᠷᠢ ᠶᠢᠨ ᠬᠠᠮᠢᠶᠠᠷᠤᠯᠲᠠ

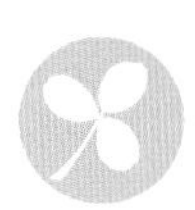

（一）技术内容

1. 确定放牧场基本情况

首先要确定牧场。牧场是指通过草原管理部门利用计量工具划定边界，并确定面积的承包草场。同时，还要明确草地类型、饲草区种植情况、家畜种类和数量，以及成年畜、母畜和幼崽的比例。

2. 确定牧草产量及载畜量

天然草地牧草产量：采用样方法描述草地植物群落特征，测定放牧区牧草产量，并根据食用牧草比例确定草地生产力。

饲料地牧草产量：根据生产的需要，为减少灾害造成的家畜饲草料的短缺，可以在自留地种植或者购买一定数量的人工饲草料，加上割草地的产草量，确定饲草料总储量。

ᠠᠳᠠᠯᠢ ᠤ᠋ ᠪᠤᠰᠤ᠂ ᠲᠤᠬᠠᠶ᠋ᠢᠯᠠᠭᠰᠠᠨ ᠤ᠋ ᠳᠠᠷᠠᠭᠠᠬᠢ ᠲᠤᠰᠬᠠᠶ᠋ᠢᠯᠠᠯᠳᠤ ᠭᠡᠰᠢᠭᠦᠨ ᠦ᠌ ᠵᠤᠬᠢᠶᠠᠯᠠᠭᠰᠠᠨ᠃᠃

ᠲᠤᠬᠠᠶ᠋ᠢᠯᠠᠪᠠᠯ᠂ ᠲᠤᠬᠠᠶ᠋ᠢᠯᠠᠭᠰᠠᠨ ᠴᠠᠭ ᠤ᠋ᠨ ᠲᠤᠷᠰᠢ ᠨᠡᠩ ᠤᠯᠠᠮ ᠵᠢᠯ ᠮᠠᠯᠵᠢᠯ᠂ ᠳᠠᠷᠠᠭᠠᠬᠢ ᠲᠤᠬᠠᠶ᠋ᠢᠯᠠᠯᠳᠤ ᠭᠡᠰᠢᠭᠦᠨ ᠦ᠌

ᠤᠯᠠᠮᠵᠢᠯᠠᠯ᠂ ᠨᠢᠭᠡᠳᠦᠭᠡᠷ ᠭᠡᠰᠢᠭᠦᠨ ᠳᠦ᠍ ᠲᠤᠬᠠᠶ᠋ᠢᠯᠠᠬᠤ ᠃᠃ ᠲᠡᠷᠡ ᠨᠢ ᠲᠤᠬᠠᠶ᠋ᠢᠯᠠᠭᠰᠠᠨ ᠦ᠌ ᠳᠠᠷᠠᠭᠠᠬᠢ ᠲᠤᠬᠠᠶ᠋ᠢᠯᠠᠯᠳᠤ ᠭᠡᠰᠢᠭᠦᠨ ᠦ᠌ ᠤᠯᠠᠮᠵᠢᠯᠠᠯ᠂

ᠤᠯᠠᠮᠵᠢᠯᠠᠭᠰᠠᠨ ᠭᠡᠰᠢᠭᠦᠨ ᠦ᠌ ᠲᠤᠬᠠᠶ᠋ᠢᠯᠠᠭᠰᠠᠨ ᠦ᠌ ᠳᠠᠷᠠᠭᠠᠬᠢ ᠲᠤᠬᠠᠶ᠋ᠢᠯᠠᠯᠳᠤ ᠭᠡᠰᠢᠭᠦᠨ ᠳᠦ᠍ ᠲᠤᠬᠠᠶ᠋ᠢᠯᠠᠬᠤ᠃᠃

2. ᠲᠤᠬᠠᠶ᠋ᠢᠯᠠᠭᠰᠠᠨ ᠭᠡᠰᠢᠭᠦᠨ ᠦ᠌ ᠲᠤᠬᠠᠶ᠋ᠢᠯᠠᠬᠤ ᠪᠠ ᠲᠤᠬᠠᠶ᠋ᠢᠯᠠᠭᠰᠠᠨ ᠨᠢ ᠲᠤᠬᠠᠶ᠋ᠢᠯᠠᠯᠳᠤ

ᠲᠡᠷᠡ ᠨᠢ ᠤᠯᠠᠮᠵᠢᠯᠠᠯ ᠤ᠋ ᠲᠤᠬᠠᠶ᠋ᠢᠯᠠᠭᠰᠠᠨ ᠲᠤᠬᠠᠶ᠋ᠢᠯᠠᠯᠳᠤ᠃᠃

ᠤᠯᠠᠮᠵᠢᠯᠠᠭᠰᠠᠨ᠂ ᠲᠤᠬᠠᠶ᠋ᠢᠯᠠᠭᠰᠠᠨ ᠤ᠋ ᠤᠯᠠᠮᠵᠢᠯᠠᠯ᠂ ᠲᠤᠬᠠᠶ᠋ᠢᠯᠠᠭᠰᠠᠨ ᠦ᠌ ᠳᠠᠷᠠᠭᠠᠬᠢ ᠲᠤᠬᠠᠶ᠋ᠢᠯᠠᠯᠳᠤ᠂ ᠲᠤᠬᠠᠶ᠋ᠢᠯᠠᠭᠰᠠᠨ ᠤ᠋ ᠲᠤᠬᠠᠶ᠋ᠢᠯᠠᠯᠳᠤ ᠭᠡᠰᠢᠭᠦᠨ ᠦ᠌

1. ᠲᠤᠬᠠᠶ᠋ᠢᠯᠠᠭᠰᠠᠨ ᠤ᠋ ᠤᠯᠠᠮᠵᠢᠯᠠᠭᠰᠠᠨ ᠤ᠋ ᠲᠤᠬᠠᠶ᠋ᠢᠯᠠᠭᠰᠠᠨ ᠲᠤᠬᠠᠶ᠋ᠢᠯᠠᠯᠳᠤ᠃᠃

(ᠬᠤᠶᠠᠷ) ᠲᠤᠬᠠᠶ᠋ᠢᠯᠠᠭᠰᠠᠨ ᠤ᠋ ᠲᠤᠬᠠᠶ᠋ᠢᠯᠠᠯ

 季节放牧场划分及载畜量计算：为了实现"草畜平衡"的目标，根据放牧草地的总产量、人工饲草料地、打储草提供的饲草总产量划分季节性放牧草地和计算草场的总牲畜承载力，并计算牲畜循环放牧草地的承载能力。

 计算季节放牧草地面积：通过放牧绵羊日食量和放牧天数计算需草量，用需草量与单位面积草地牧草产量的比值计算季节放牧草地所需面积。

$$季节放牧草地所需面积 = \frac{绵羊单位 \times 日食量 \times 放牧天数}{牧草产量 \times 草原利用率}$$

$$\text{ᠲᠡᠵᠢᠭᠡᠯ ᠪᠡᠯᠡᠳᠬᠡᠬᠦ ᠶ᠋ᠢᠨ ᠲᠠᠯᠠᠪᠠᠢ} = \frac{\text{ᠨᠢᠭᠡ ᠬᠣᠨᠢᠨ ᠤ ᠡᠳᠦᠷ ᠤᠨ ᠲᠡᠵᠢᠭᠡᠯ} \times \text{ᠬᠣᠨᠢᠨ ᠤ ᠲᠣᠭ᠎ᠠ} \times \text{ᠡᠳᠦᠷ ᠤᠨ ᠲᠣᠭ᠎ᠠ}}{\text{ᠨᠢᠭᠡ ᠮᠤ ᠶᠢᠨ ᠤᠨᠠᠯᠲᠠ}}$$

3. 确定轮牧小区

小区数目：在确定季节放牧草地面积后，根据放牧周期和放牧天数计算轮牧小区数目。另外，应该增设1～3个预留小区，以备灾害年份进行放牧，并在正常年份和丰收年份进行草原改良。

小区面积：根据季节放牧草地面积和小区数目平均划分。进行划区轮牧设计时，尽量使同一围栏分区内的草地大致均匀一致。

小区形状：在小区面积确定后，小区一般为长方形或正方形，宽度按1只羊单位0.5～1 m设计，小区长宽比例尽量为3∶1、2∶1或1∶1。根据草地形状，以牲畜方便进出、饮水缩短游走距离为原则确定小区布局。

4. 确定放牧始牧期与终牧期

始牧期是指牧草返青后，单位面积产草量达到单位面积草场总产草量的15%～20%的时期。

终牧期是指牧草停止生长后，单位面积草场现存量占单位面积草场总产草量的20%～25%的时期。

不同地区放牧时期不同。在内蒙古东部地区，放牧时期为6～10月。

ᠬᠠᠮᠤᠭ ᠤᠨ ᠲᠡᠭᠡᠭᠦ ..

3. ᠪᠣᠳᠠᠷᠠᠮᠠᠯ ᠲᠠᠷᠢᠮᠠᠯ ᠤᠨ 1 ~ 3 ᠳᠤᠭᠠᠷ ...

4. ᠪᠠᠶᠢᠭᠠᠯᠢ ᠶᠢᠨ ᠲᠠᠷᠢᠮᠠᠯ ᠤᠨ ... 0.5 ~ 1 m ...

3 : 1 : 2 : 1 ᠪᠤᠶᠤ 1 : 1 ...

15% ~ 20% ...

20% ~ 25% ...

6 ~ 10

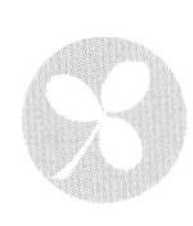

5. 基础设施

包括围栏、牧道，以及放牧门的设置、饮水点、盐砖、遮阳设施等。

围栏：草地围栏有多种类型，目前通常使用网围栏。

牧道：牧道宽度根据放牧家畜的种类和数量确定，宽度为5～15 m，放牧道路的长度应尽可能缩短。

门位：放牧门的设置应尽量减少家畜进出轮牧区的时间，而不需要绕道进入轮牧区，同时还要考虑到离水源的距离。

饮水点：小区内可设置车辆供水或管道供水系统，并根据家畜数量设置饮水槽。给家畜供水时要按时、准时，保证水槽内有足够的水，保证夏季家畜每天饮水2～3次，冬季家畜每天饮水1～2次。

盐砖和遮阳设施：在小区内布置适当的盐砖，及时为畜群补充盐。根据实际情况和家畜数量，可在每个小区内设置遮阳棚。

6. 制定管理方案

制定轮牧计划：根据草地类型和牧草再生率，确定轮牧周期、轮牧频次、小区放牧天数、始牧期和终牧期、轮牧畜群的饮水、补盐及病害防治等日常管理方案，并以单户或联户为单位制定畜群结构和规模。草地返青时地上生物量少，因此应适当缩短第一个轮牧周期的放牧天数。

呼伦贝尔草原属于草甸草原，本地羊群多数在500～700只基础母羊规模，每个小区的适宜面积为33.3～53.3 hm²。牛群一般为100～500头，每个小区适宜面积为33.3～100 hm²。草地轮牧频度为4次，轮牧周期40天，小区数目6～8个小区，放牧天数5～7天，轮牧时间从6月1日至10月1日，放牧天数120天。

制定放牧小区轮换计划：放牧小区轮作以各放牧单位为基础，每年的利用时间和利用方式按一定规律顺序变化，周期轮换，可以保证长期的均衡利用。

制定饲草料生产及储备计划：根据家畜的数量和结构来计算冬季所需饲草料量。根据冬季草场、割草地和人工饲料地提供饲草料，并及时补充储备。牧草储存时应充分考虑灾年和春季休牧时的饲草料供应。

不同季节与年份畜群补饲计划：在正常年份，只在冬季和春季补充饲料，根据冬春季草场牧草的保存量，精料和粗料搭配补饲。在灾年，冬季和暖季都需要补充饲喂，据灾情的严重程度，调整草畜关系，统筹规划补饲量。

ᠮᠠᠯᠵᠢᠬᠤ ᠭᠠᠵᠠᠷ ᠤᠨ ᠳ᠋ᠤ ᠬᠠᠭᠠᠯᠪᠤᠷᠢᠯᠠᠬᠤ ᠲᠤᠰᠤᠭᠠᠷᠯᠠᠬᠤ᠃

ᠮᠠᠯᠵᠢᠬᠤ ᠭᠠᠵᠠᠷ ᠤᠨ ᠳ᠋ᠤ ᠬᠠᠭᠠᠯᠪᠤᠷᠢᠯᠠᠬᠤ ᠲᠤᠰᠤᠭᠠᠷᠯᠠᠬᠤ᠃

6. ᠬᠠᠭᠠᠯᠪᠤᠷᠢᠯᠠᠬᠤ ᠲᠤᠰᠤᠭᠠᠷᠯᠠᠬᠤ᠃

- 73 -

制定畜群保健计划：畜群保健以预防疾病为主，采取"防治并举"的原则。春秋两季分别进行一次驱虫和药浴，发现畜群中有病畜要及时治疗。

轮牧基础设施管护制度：围栏和饮水设施应定期检查。围栏松动或损坏时应及时进行维护，防止牲畜在放牧过程中越过围栏。饮用水设施若有破损，应及时修复。在休牧时，应排空供水系统中管道的存水，饮水槽等设施妥善保管，以备来年使用。

设置活动小区：在牧草再生率较高的情况下，可在轮牧小区内设置活动围栏，按牲畜一日营养需要的牧草量，逐片进行轮流放牧。

ᠮᠠᠯᠵᠢᠬᠤ ᠳᠤ ᠠᠰᠢᠭ ᠲᠠᠢ ᠪᠠᠢᠵᠤ ᠂ ᠨᠤᠲᠤᠭ ᠤᠨ ᠮᠠᠯᠴᠢᠳ ᠤᠨ ᠪᠡᠯᠴᠢᠭᠡᠷ ᠢ ᠬᠠᠮᠠᠭᠠᠯᠠᠬᠤ ᠪᠣᠳᠠᠲᠤ ᠪᠠᠢᠳᠠᠯ ᠳᠤ ᠲᠣᠬᠢᠷᠠᠮᠵᠢᠲᠠᠢ ᠶᠤᠮ ᠃

ᠲᠠᠪᠤᠳᠤᠭᠠᠷ ᠂ ᠪᠡᠯᠴᠢᠭᠡᠷᠯᠡᠬᠦ ᠳᠤ ᠠᠰᠢᠭᠯᠠᠬᠤ ᠬᠤᠭᠤᠴᠠᠭ᠎ᠠ ᠶᠢ ᠨᠢ ᠵᠢᠷᠤᠮᠵᠢᠭᠤᠯᠬᠤ ᠃ ᠡᠨᠡ ᠨᠢ ᠦᠨᠳᠦᠰᠦᠨ ᠳᠡᠭᠡᠨ ᠬᠤᠭᠤᠴᠠᠭᠠᠲᠤ ᠪᠡᠯᠴᠢᠭᠡᠷᠯᠡᠬᠦ ᠂ ᠵᠢᠯ ᠳᠠᠭᠠᠤ ᠮᠠᠯᠵᠢᠬᠤ ᠃

ᠵᠢᠷᠭᠤᠳᠤᠭᠠᠷ ᠂ ᠵᠠᠷᠢᠮ ᠬᠡᠰᠡᠭ ᠪᠡᠯᠴᠢᠭᠡᠷ ᠢ ᠬᠣᠷᠢᠬᠯᠠᠬᠤ ᠃ ᠡᠨᠡ ᠨᠢ ᠬᠣᠷᠢᠬᠯᠠᠵᠤ ᠪᠣᠯᠪᠠᠰᠤᠷᠠᠭᠤᠯᠬᠤ ᠂ ᠬᠣᠷᠢᠬᠯᠠᠵᠤ ᠰᠡᠷᠭᠦᠭᠡᠬᠦ ᠂ ᠬᠣᠷᠢᠬᠯᠠᠵᠤ ᠬᠠᠮᠠᠭᠠᠯᠠᠬᠤ ᠃

ᠳᠣᠯᠤᠳᠤᠭᠠᠷ ᠂ ᠪᠡᠯᠴᠢᠭᠡᠷ ᠤᠨ ᠡᠵᠡᠩᠨᠡᠯᠲᠡ ᠶᠢᠨ ᠲᠦᠷᠦᠯ ᠢ ᠣᠯᠠᠰᠢᠷᠠᠭᠤᠯᠬᠤ ᠃ ᠡᠨᠡ ᠨᠢ ᠪᠡᠯᠴᠢᠭᠡᠷᠯᠡᠬᠦ ᠠᠵᠤ ᠠᠬᠤᠢ ᠪᠠᠨ ᠳᠠᠩ ᠮᠠᠯᠵᠢᠬᠤ ᠠᠵᠤ ᠠᠬᠤᠢ ᠪᠠᠷ ᠪᠠᠢᠯᠭᠠᠬᠤ ᠶᠢ ᠦᠭᠡᠢᠰᠭᠡᠵᠦ ᠃

ᠨᠠᠢᠮᠠᠳᠤᠭᠠᠷ ᠂ ᠪᠡᠯᠴᠢᠭᠡᠷ ᠤᠨ ᠲᠠᠯᠠᠪᠠᠢ ᠶᠢᠨ ᠡᠵᠡᠩᠨᠡᠯᠲᠡ ᠶᠢᠨ ᠳ᠋ᠤ ᠠᠰᠢᠭᠯᠠᠬᠤ ᠲᠠᠯᠠᠪᠠᠢ ᠶᠢ ᠳᠤᠭᠲᠠᠭᠠᠬᠤ ᠃ ᠡᠨᠡ ᠨᠢ ᠮᠠᠯᠴᠢᠳ ᠤᠨ ᠡᠵᠡᠩᠨᠡᠯᠲᠡ ᠶᠢᠨ ᠪᠡᠯᠴᠢᠭᠡᠷ ᠤᠨ ᠲᠠᠯᠠᠪᠠᠢ ᠶᠢ ᠲᠣᠳᠤᠷᠬᠠᠢᠯᠠᠵᠤ ᠂ ᠪᠡᠯᠴᠢᠭᠡᠷ ᠲᠠᠯᠠᠪᠠᠢ ᠶᠢᠨ ᠡᠷᠬᠡ ᠶᠢ ᠲᠣᠳᠤᠷᠬᠠᠢᠯᠠᠬᠤ ᠃

ᠶᠢᠰᠦᠳᠦᠭᠡᠷ ᠂ ᠬᠠᠤᠯᠢ ᠶᠣᠰᠤᠭᠠᠷ ᠪᠡᠯᠴᠢᠭᠡᠷ ᠢ ᠬᠠᠮᠠᠭᠠᠯᠠᠬᠤ ᠃ ᠡᠨᠡ ᠨᠢ ᠮᠠᠨ ᠤ ᠤᠯᠤᠰ ᠤᠨ ᠨᠡᠢᠲᠡᠯᠡᠭᠰᠡᠨ 《 ᠪᠡᠯᠴᠢᠭᠡᠷ ᠤᠨ ᠬᠠᠤᠯᠢ ᠴᠠᠭᠠᠵᠠ 》 ᠶᠣᠰᠤᠭᠠᠷ

（二）技术效果

提高草地载畜量：轮牧是对草场的科学利用，将羊群限制在固定的草地上，使其充分采食牧草；经过一定时间后，将其转移到另一固定的草地上放牧，使前一块草地的牧草有足够的再生时间。

提高牧草的品质：轮牧可以抑制杂草的生长，增加优良牧草的数量，改善牧草的组成成分。

有利于羊增膘：牧草适口性好，羊在放牧小区内的采食和休息时间相对增加，而游走时间减少，体力消耗降低，因而能提高增膘效率。

有利于草场的管理：在每个小区的停止放牧期间，可以对牧场进行管理，如清除杂质和毒草、灌溉和施肥、灭杀昆虫和鼠类，以及补播牧草等措施。

防止寄生虫病的传播：大量随粪便排出的土壤寄生虫卵可在2周内发育为具有传染性的第三期幼虫。通过轮牧和高温自然净化，可杀灭草地上寄生虫卵或第三期幼虫。轮牧是消灭和控制绵羊消化道线虫病的有效方法。

ᠬᠠᠨᠳᠤᠭᠰᠠᠨ ᠪᠥᠭᠡᠳ ᠲᠠᠷᠢᠶᠠᠯᠠᠩ ᠤᠨ ᠡᠭᠦᠳᠡᠨ ᠡᠴᠡ ᠳᠠᠰᠤᠯᠪᠤᠷᠢᠯᠠᠨ ᠲᠤᠰᠠᠯᠠᠮᠵᠢ ᠥᠵᠡᠭᠦᠯᠦᠨ᠎ᠠ᠃

ᠲᠠᠷᠢᠶᠠᠯᠠᠩ ᠤᠨ ᠬᠥᠳᠡᠭᠡ ᠳᠤᠮᠳᠠᠳᠤ ᠤᠯᠤᠰ ᠤᠨ ᠪᠠᠢᠢᠳᠠᠯ ᠳᠤ ᠡᠭᠦᠳᠬᠡᠨ ᠦᠵᠡᠬᠦ ᠳᠦ᠂ ᠮᠠᠯ ᠤᠨ ᠦᠢᠯᠡᠳᠪᠦᠷᠢᠯᠡᠯ ᠤᠨ ᠲᠤᠬᠠᠢ ᠶᠢᠨ ᠲᠤᠬᠠᠢ ᠤᠯᠠᠮᠵᠢᠯᠠᠯᠲᠤ ᠮᠠᠯ ᠠᠵᠤ ᠠᠬᠤᠢ ᠶᠢᠨ ᠬᠥᠭᠵᠢᠯ ᠤᠨ ᠲᠤᠬᠠᠢ᠂ ᠡᠮᠦᠨᠡᠬᠢ ᠮᠠᠯ ᠤᠨ

ᠮᠠᠯᠵᠢᠬᠤ ᠶᠢᠨ ᠲᠤᠬᠠᠢ᠂ ᠮᠠᠯᠵᠢᠬᠤ ᠬᠥᠳᠡᠭᠡ ᠶᠢᠨ ᠬᠥᠭᠵᠢᠯ ᠤᠨ ᠲᠤᠬᠠᠢ ᠦᠭᠡᠢᠢᠳᠡᠯ ᠢ ᠬᠠᠷᠠᠩᠭᠤᠢᠯᠠᠨ ᠦᠵᠡᠬᠦ ᠳᠦ 2 ᠵᠦᠢᠯ ᠢ ᠠᠩᠬᠠᠷᠤᠨ᠎ᠠ᠃

ᠨᠢᠭᠡ ᠳᠤ ᠮᠠᠯᠵᠢᠬᠤ᠂ ᠲᠠᠷᠢᠶᠠᠯᠠᠩ ᠤᠨ ᠬᠥᠭᠵᠢᠯ ᠤᠨ ᠪᠦᠲᠦᠴᠡ ᠶᠢ ᠰᠠᠢᠢᠵᠢᠷᠠᠭᠤᠯᠬᠤ᠂ ᠦᠢᠯᠡᠳᠪᠦᠷᠢᠯᠡᠯ ᠤᠨ ᠪᠦᠲᠦᠴᠡ ᠶᠢ ᠲᠤᠬᠢᠷᠠᠭᠤᠯᠬᠤ᠃

ᠬᠤᠶᠠᠷ ᠲᠤ᠂ ᠮᠠᠯᠵᠢᠬᠤ ᠳᠤ ᠠᠰᠢᠭᠯᠠᠬᠤ᠂ ᠠᠰᠢᠭᠯᠠᠯᠲᠠ᠂ ᠬᠠᠮᠠᠭᠠᠯᠠᠯᠲᠠ ᠶᠢ ᠬᠤᠯᠪᠤᠨ ᠦᠢᠯᠡᠳᠪᠦᠷᠢᠯᠡᠭᠦᠯᠬᠦ᠃

ᠲᠠᠷᠢᠶᠠᠯᠠᠩ᠂ ᠮᠠᠯᠵᠢᠬᠤ ᠶᠢᠨ ᠬᠥᠭᠵᠢᠯ ᠤᠨ ᠪᠠᠢᠢᠳᠠᠯ ᠢ ᠦᠨᠳᠦᠰᠦᠯᠡᠨ ᠳᠠᠷᠠᠭᠠᠬᠢ ᠨᠥᠬᠥᠴᠡᠯ ᠢ ᠠᠩᠬᠠᠷᠤᠨ᠎ᠠ᠄

ᠨᠢᠭᠡ ᠳᠦ᠂ ᠮᠠᠯᠵᠢᠬᠤ ᠬᠥᠳᠡᠭᠡ ᠶᠢᠨ ᠪᠠᠢᠢᠳᠠᠯ ᠢ ᠦᠨᠳᠦᠰᠦᠯᠡᠨ ᠳᠠᠷᠠᠭᠠᠬᠢ ᠠᠷᠭᠠ ᠬᠡᠮᠵᠢᠶ᠎ᠡ᠄

ᠲᠠᠷᠢᠶᠠᠯᠠᠩ ᠤᠨ ᠬᠥᠳᠡᠭᠡ ᠶᠢᠨ ᠮᠠᠯᠵᠢᠬᠤ ᠬᠥᠳᠡᠭᠡ ᠶᠢᠨ ᠦᠢᠯᠡᠳᠪᠦᠷᠢᠯᠡᠯ ᠢ ᠬᠥᠭᠵᠢᠭᠦᠯᠬᠦ᠃

ᠬᠤᠶᠠᠷ ᠲᠤ᠂ ᠮᠠᠯᠵᠢᠬᠤ ᠬᠥᠳᠡᠭᠡ ᠶᠢᠨ ᠮᠠᠯ ᠠᠵᠤ ᠠᠬᠤᠢ ᠶᠢᠨ ᠦᠢᠯᠡᠳᠪᠦᠷᠢᠯᠡᠯ ᠢ ᠠᠩᠬᠠᠷᠤᠨ᠎ᠠ᠃

ᠲᠠᠷᠢᠶᠠᠯᠠᠩ ᠤᠨ ᠬᠥᠳᠡᠭᠡ᠂ ᠮᠠᠯᠵᠢᠬᠤ ᠬᠥᠳᠡᠭᠡ ᠶᠢᠨ ᠬᠥᠭᠵᠢᠯ᠂ ᠲᠤᠰ ᠤᠨ ᠦᠢᠯᠡᠳᠪᠦᠷᠢᠯᠡᠯ ᠤᠨ ᠪᠠᠢᠢᠳᠠᠯ᠂ ᠬᠥᠭᠵᠢᠯ ᠤᠨ

(ᠬᠤᠶᠠᠷ) ᠲᠠᠷᠢᠶᠠᠯᠠᠩ ᠤᠨ ᠮᠠᠯᠵᠢᠯ ᠬᠥᠭᠵᠢᠭᠦᠯᠬᠦ

（三）技术缺点

首先，容易在整个牧场上形成大量的粪斑，污染牧草。

其次，因放牧小区数目固定，管理不当会忽略牧草生长中的季节性变化，在载畜量低时不经济，此时的生产效益与固定放牧无显著差别。

再次，技术要求和成本较高。

ᠠᠳᠠᠯᠢ ᠪᠤᠰᠤ ᠃

ᠳᠥᠷᠪᠡᠳᠦᠭᠡᠷ ᠂ ᠮᠠᠯᠵᠢᠬᠤ ᠳᠤ ᠳᠥᠭᠥᠮᠲᠡᠢ ᠃ ᠣᠷᠤᠢ ᠡᠪᠡᠰᠦ ᠬᠠᠳᠤᠯᠠᠩ ᠢᠶᠠᠷ ᠡᠪᠡᠰᠦ ᠲᠡᠵᠢᠭᠡᠯ ᠢ ᠬᠠᠩᠭᠠᠨ ᠂ ᠲᠠᠷᠢᠶᠠᠯᠠᠩ ᠤᠨ
ᠡᠳ᠋ ᠃ ᠡᠪᠡᠰᠦ ᠲᠡᠵᠢᠭᠡᠯ ᠦᠨ ᠬᠠᠩᠭᠠᠯᠭ᠎ᠠ ᠶᠢ ᠲᠡᠭᠰᠢᠳᠬᠡᠨ ᠂ ᠮᠠᠯ ᠤᠨ ᠲᠡᠵᠢᠭᠡᠯ ᠢ ᠬᠠᠩᠭᠠᠬᠤ ᠳᠤ ᠳᠥᠭᠥᠮᠲᠡᠢ ᠃
ᠡᠪᠡᠰᠦ ᠬᠠᠳᠤᠯᠠᠩ ᠤᠨ ᠬᠠᠳᠤᠯᠠᠩ ᠤᠨ ᠠᠵᠢᠯᠯᠠᠭ᠎ᠠ ᠶᠢ ᠵᠥᠪ ᠲᠡᠢ ᠡᠵᠡᠮᠰᠢᠨ ᠂ ᠡᠪᠡᠰᠦ ᠬᠠᠳᠤᠯᠠᠩ ᠤᠨ ᠠᠰᠢᠭ ᠰᠢᠮ᠎ᠡ ᠶᠢ
ᠬᠠᠩᠭᠠᠬᠤ ᠶᠢᠨ ᠲᠤᠯᠠᠳᠠ ᠂ ᠡᠪᠡᠰᠦ ᠬᠠᠳᠤᠯᠠᠩ ᠤᠨ ᠠᠰᠢᠭᠯᠠᠯᠲᠠ ᠶᠢ ᠰᠠᠶᠢᠵᠢᠷᠠᠭᠤᠯᠤᠨ ᠂ ᠡᠪᠡᠰᠦᠨ ᠦ ᠭᠠᠷᠤᠯᠲᠠ ᠶᠢ

ᠲᠠᠪᠤᠳᠤᠭᠠᠷ ᠄

ᠲᠠᠷᠢᠶᠠᠯᠠᠩ ᠤᠨ ᠬᠡᠰᠡᠭ (ᠦᠷᠭᠦᠯᠵᠢᠯᠡᠯ)

二、控制放牧技术

控制放牧是全年有计划的放牧。在一个放牧系统中，根据牧草生长速率、采食量和平均牧草现存量三个重要概念确定合理的草地载畜量，从而解决目前普遍存在的超载放牧、草地大面积退化等畜牧业发展的关键矛盾。

（一）技术内容

牧草生长速率：根据一年中不同月份牧草生长速率的变化，以每公顷牧草干物质日平均增加量的千克数，用于匹配牲畜的饲料需求。

家畜采食量：家畜每天每头采食牧草干物质的千克数或每天每公顷采食牧草干物质的千克数。采食量是人为的可控因素，放牧控制系统的原理是根据牲畜的生产性能指标和相应的牲畜营养需求，通过一定的技术手段来控制采食量。

牧草现存量：某一天整个牧场草地面积上平均每公顷的牧草干物质千克数。

ᠲᠠᠪᠤ ᠂ ᠪᠡᠯᠴᠢᠭᠡᠷᠯᠡᠭᠦᠯᠬᠦ ᠳᠤ ᠠᠩᠬᠠᠷᠤᠭᠤᠰᠢᠲᠠᠢ ᠠᠰᠠᠭᠤᠳᠠᠯ

（ ᠨᠢᠭᠡ ） ᠠᠷᠭᠠᠯ ᠤᠨ ᠠᠰᠠᠭᠤᠳᠠᠯ

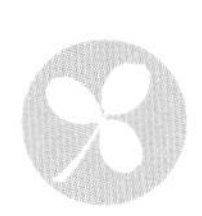

　　载畜量：这是合理利用草地控制放牧系统的基础。载畜量的计算以一个放牧季为时间单位，会随着气候等因素发生改变。在控制放牧系统中，首先确定放牧时间和草场面积，计算单位面积合理载畜量=（牧草生长速率 × 放牧时间+牧草现存量）× 草地利用率/（家畜采食量 × 放牧时间）。例如呼伦贝尔草原放牧地牧草总产量为615 ～ 1 350 kg/hm²，草地利用率60% ～ 70%，放牧时间从6月1日至10月1日，载畜量应以2.13 ～ 4.33 hm²/（头牛·年）为合理载畜量。

ᠨᠢᠭᠡ ᠪᠤᠯ ᠬᠠᠮᠤᠭ ᠶᠡᠬᠡ ᠪᠡᠯᠴᠢᠭᠡᠷ ᠂ ᠪᠡᠯᠴᠢᠭᠡᠷᠯᠡᠬᠦ ᠨᠢ 2.13 ~ 4.33 hm²/(ᠬᠤᠨᠢᠨ ᠲᠤᠯᠤᠭᠠᠢ · ᠵᠢᠯ) ᠪᠤᠯᠤᠨ᠎ᠠ ᠬᠡᠵᠦ ᠲᠤᠭᠠᠴᠠᠵᠦ ᠭᠠᠷᠭᠠᠵᠠᠢ ᠃

ᠡᠭᠦᠨ ᠤ ᠳᠤᠲᠤᠷ᠎ᠠ ᠴᠢᠨᠠᠷᠯᠢᠭ ᠨᠢ 615 ~ 1 350 kg/hm² ᠪᠠᠶᠢᠵᠦ ᠂ ᠪᠡᠯᠴᠢᠭᠡᠷ ᠤᠨ ᠠᠰᠢᠭᠯᠠᠯᠲᠠ ᠨᠢ 60% ~ 70% ᠂ ᠪᠡᠯᠴᠢᠭᠡᠷᠯᠡᠬᠦ ᠡᠳᠦᠷ ᠨᠢ 6 ᠰᠠᠷ᠎ᠠ ᠶᠢᠨ 1 ᠤ ᠡᠳᠦᠷ ᠠᠴᠠ 10 ᠰᠠᠷ᠎ᠠ ᠶᠢᠨ ᠪᠡᠯᠴᠢᠭᠡᠷᠯᠡᠬᠦ ᠡᠳᠦᠷ ᠨᠢ ((ᠲᠡᠵᠢᠭᠡᠬᠦ ᠬᠤᠭᠤᠴᠠᠭᠠᠨ ᠤ ᠤᠷᠲᠤ × ᠪᠡᠯᠴᠢᠭᠡᠷ ᠤᠨ ᠲᠠᠯᠠᠪᠠᠢ ᠃ ᠲᠤᠬᠠᠢ ᠪᠡᠯᠴᠢᠭᠡᠷ ᠤᠨ ᠬᠠᠮᠤᠭ ᠶᠡᠬᠡ ᠪᠡᠯᠴᠢᠭᠡᠷ ᠤᠨ ᠳᠤᠲᠤᠷᠬᠢ ᠮᠠᠯ ᠤᠨ ᠲᠤᠭ᠎ᠠ = (ᠪᠡᠯᠴᠢᠭᠡᠷ ᠤᠨ ᠲᠠᠯᠠᠪᠠᠢ × ᠪᠡᠯᠴᠢᠭᠡᠷᠯᠡᠬᠦ ᠤᠲᠠᠰᠤ + ᠲᠡᠵᠢᠭᠡᠬᠦ ᠲᠠᠯᠠᠪᠠᠢ ᠶᠢᠨ ᠬᠡᠮᠵᠢᠶ᠎ᠡ ᠃ ᠮᠠᠯ ᠤᠨ ᠴᠢᠨᠠᠷ ᠤᠨ ᠲᠡᠵᠢᠭᠡᠬᠦ ᠲᠠᠯᠠᠪᠠᠢ ᠶᠢᠨ ᠬᠡᠮᠵᠢᠶ᠎ᠡ ᠃ ᠪᠡᠯᠴᠢᠭᠡᠷ ᠤᠨ ᠳᠤᠲᠤᠷ᠎ᠠ ᠬᠠᠮᠤᠭ ᠶᠡᠬᠡ ᠪᠡᠯᠴᠢᠭᠡᠷᠯᠡᠬᠦ ᠮᠠᠯ ᠤᠨ ᠲᠤᠭ᠎ᠠ ᠂ ᠪᠡᠯᠴᠢᠭᠡᠷ ᠤᠨ ᠴᠢᠨᠠᠷ ᠤᠨ ᠪᠡᠯᠴᠢᠭᠡᠷᠯᠡᠬᠦ ᠡᠭᠦᠨ ᠤ ᠲᠤᠬᠠᠢ ᠳᠤ ᠪᠠᠨ ᠃

（二）技术效果

科学准确地确定合理的牲畜承载能力，有利于保护草原，提高牧草质量和产量，促进草原生态系统健康，维持草畜平衡。

（三）技术缺点

牲畜承载力的确定比较复杂，受多种因素的影响。应根据具体情况，经过一段时间的连续观察和测量后进行调整。

[Page contains Traditional Mongolian vertical script text]

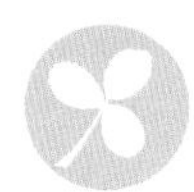

三、休牧技术

休牧指短期禁牧，是在一年的一定时期内禁止放牧的措施。在植物生长发育的特殊阶段，休牧能消除牲畜对植物生长发育的不利影响，促进和保证植物的生长发育。这是延缓草地退化、促进畜牧业可持续发展的重要手段之一。

休牧措施主要用于放牧的草地上。一般应在立地条件良好、植物生长正常或略显退化的地块上进行。为了便于管理家畜的进出，休牧地块一般需要有围栏设施。该技术适用于季节分明、植物生长有明显季节性差异的地区。

休牧时间：休牧时间根据各地的土地情况和气候条件而有所不同，一般不少于45天，一般选择在春天植物返青以及幼苗生长的时期。若有特殊需要，也可在秋季或其他季节实施。

休牧起始时间：根据各地植物不同物候期，以当地主要草本植物开始返青为主要参考指标，确定具体休牧的开始时间。

休牧结束时间：连续休牧45天后，休牧结束。春季的休牧一般在植物完成返青期后结束。在特殊条件下，可根据各地草地条件和气候特点调整结束时间。

ᠮᠠᠯᠵᠢᠯ ᠂ ᠲᠠᠷᠢᠶᠠᠯᠠᠩ ᠤᠨ ᠦᠢᠯᠡᠳᠪᠦᠷᠢ

四、禁牧技术

禁牧是禁止放牧超过一年的草原管理措施。20世纪末，我国草原牲畜超载率平均超过36%，造成90%以上的草原不同程度的退化；草原地表裸露严重，沙尘暴频繁发生。自21世纪初，为了抑制草地退化的趋势，我国大力实施禁止放牧、生态建设项目及对草原生态的奖补。

为此，国家大力加强草原生态治理，对部分严重退化草原、沙化草原和生态脆弱区草原，实行禁牧或休牧等管理措施，促进了草原生态持续改善。2018年，全国草原家畜超载率降到10.2%，禁牧、休牧区草原植被覆盖度增长10%以上、鲜草产量提高50%以上。例如宁夏回族自治区自2003年开始实施全域禁牧以来，草原综合植被覆盖度提高了18.5%，草原沙化面积减少15%。内蒙古自治区通过对退化草原实施禁牧或休牧措施，草原生态已恢复到接近20世纪80年代的水平。

ᠨᠢ ᠠᠭᠤᠯᠤᠭᠳᠠᠬᠤ ᠪᠦᠭᠡᠳ ᠬᠡᠷᠡᠭᠯᠡᠭᠳᠡᠨ᠎ᠠ ᠃

ᠬᠠᠷᠢᠨ ᠠᠷᠪᠠᠨ ᠬᠤᠶᠠᠳᠤᠭᠠᠷ ᠵᠠᠭᠤᠨ ᠤ ᠲᠠᠯᠠᠪᠠᠢ ᠶᠢᠨ ᠂ ᠵᠢ ᠬᠦᠪᠡᠭᠡᠵᠢᠭᠦᠯᠬᠦ ᠶᠢᠨ ᠨᠡᠶᠢᠭᠡᠮ ᠬᠦᠭᠵᠢᠯ ᠳᠡᠭᠡᠨ ᠲᠦᠷ᠎ᠠ ᠬᠡᠷᠡᠭᠯᠡᠭᠳᠡᠬᠦ ᠤᠰᠤᠨ ᠳᠤ ᠪᠠᠢ ᠬᠡᠯᠡᠭᠦ ᠵᠡᠷᠭᠡᠴᠡᠨ ᠤ ᠬᠡᠷᠡᠭᠯᠡᠭᠳᠡᠬᠦ 20 ᠡᠴᠠ ᠪᠠᠨ ᠨᠢ 80 ᠬᠤᠪᠢ

ᠬᠠᠷᠠᠭᠤᠯᠤᠮᠵᠢ ᠳᠤ ᠬᠡᠷᠡᠭᠯᠡᠭᠳᠡᠨ᠎ᠠ ᠃ ᠬᠠᠷᠢᠨ ᠨᠢ ᠬᠡᠷᠡᠭᠯᠡᠭᠳᠡᠬᠦ ᠤᠰᠤᠨ ᠤ ᠬᠡᠮᠵᠢᠶ᠎ᠠ ᠨᠢ ᠨᠡᠶᠢᠳᠡ 18.5% ᠪᠠᠢ ᠬᠡᠷᠡᠭᠯᠡᠭᠳᠡᠨ᠎ᠠ ᠂ ᠬᠦᠪᠡᠭᠡᠵᠢᠭᠦᠯᠬᠦ ᠵᠡᠷᠭᠡᠴᠡᠨ 15% ᠪᠠᠢ ᠬᠡᠷᠡᠭᠯᠡᠭᠳᠡᠨ᠎ᠠ ᠃ ᠬᠠᠷᠢᠨ

ᠬᠡᠷᠡᠭᠯᠡᠭᠳᠡᠬᠦ 50% ᠬᠡᠮᠵᠢᠶ᠎ᠠ ᠬᠡᠷᠡᠭᠯᠡᠭᠳᠡᠨ᠎ᠠ ᠃ ᠬᠦᠪᠡᠭᠡᠵᠢᠭᠦᠯᠬᠦ ᠂ ᠬᠡᠷᠡᠭᠯᠡᠭᠳᠡᠬᠦ ᠵᠡᠷᠭᠡᠴᠡᠨ ᠤ ᠤᠰᠤᠨ ᠳᠤ 2003 ᠤᠨ ᠳᠤ ᠪᠠᠢ ᠬᠡᠷᠡᠭᠯᠡᠭᠳᠡᠨ᠎ᠠ ᠂ ᠬᠠᠷᠢᠨ ᠨᠡᠶᠢᠭᠡᠮ ᠬᠦᠪᠡᠭᠡᠵᠢᠭᠦᠯᠬᠦ ᠶᠢᠨ

10.2% ᠬᠡᠮᠵᠢᠶ᠎ᠠ ᠂ ᠬᠦᠪᠡᠭᠡᠵᠢᠭᠦᠯᠬᠦ ᠬᠡᠷᠡᠭᠯᠡᠭᠳᠡᠬᠦ ᠶᠢᠨ ᠬᠠᠷᠠᠭᠤᠯᠤᠮᠵᠢ ᠃ 2018 ᠤᠨ ᠤ ᠃ ᠪᠠᠢ ᠬᠡᠷᠡᠭ ᠤ ᠬᠠᠷᠢᠨ ᠨᠢ ᠵᠡᠷᠭᠡᠴᠡᠨ ᠤ ᠬᠦᠪᠡᠭᠡᠵᠢᠭᠦᠯᠬᠦ 10% ᠬᠡᠮᠵᠢᠶ᠎ᠠ ᠪᠠᠢ ᠬᠡᠷᠡᠭᠯᠡᠭᠳᠡᠨ᠎ᠠ ᠂ ᠬᠠᠷᠢᠨ ᠨᠡᠶᠢᠭᠡᠮ ᠬᠦᠪᠡᠭᠡᠵᠢᠭᠦᠯᠬᠦ ᠶᠢᠨ

ᠠᠢ ᠬᠡᠷᠡᠭ ᠤ ᠬᠠᠷᠠᠭᠤᠯᠤᠮᠵᠢ ᠬᠡᠷᠡᠭᠯᠡᠭᠳᠡᠬᠦ ᠶᠢᠨ ᠬᠠᠷᠠᠭᠤᠯᠤᠮᠵᠢ ᠵᠢ ᠬᠠᠷᠢᠨ ᠨᠢ ᠪᠠᠢ ᠬᠡᠷᠡᠭ ᠤ ᠬᠠᠷᠢᠨ ᠨᠢ ᠵᠡᠷᠭᠡᠴᠡᠨ ᠤ ᠬᠦᠪᠡᠭᠡᠵᠢᠭᠦᠯᠬᠦ ᠶᠢᠨ ᠬᠠᠷᠠᠭᠤᠯᠤᠮᠵᠢ ᠵᠢ ᠂ ᠬᠠᠷᠢᠨ ᠨᠢ

ᠲᠡᠳᠡ ᠃ ᠪᠠᠢ ᠬᠡᠷᠡᠭ ᠤ (ᠬᠦᠪᠡᠭᠡ) ᠬᠠᠷᠠᠭᠤᠯᠤᠮᠵᠢ ᠵᠢᠨ ᠳᠡᠭᠡᠨ ᠤ ᠵᠡᠷᠭᠡᠴᠡᠨ ᠪᠠᠢ ᠬᠡᠷᠡᠭᠯᠡᠭᠳᠡᠬᠦ ᠬᠠᠷᠠᠭᠤᠯᠤᠮᠵᠢ (ᠪᠠᠢ) ᠬᠠᠷᠢᠨ ᠨᠢ

ᠬᠡᠷᠡᠭᠯᠡᠭᠳᠡᠨ᠎ᠠ ᠃ ᠃

ᠬᠠᠷᠢᠨ ᠃ ᠪᠠᠢ ᠬᠡᠷᠡᠭ ᠤ ᠬᠠᠷᠠᠭᠤᠯᠤᠮᠵᠢ ᠵᠢᠨ ᠬᠡᠷᠡᠭᠯᠡᠭᠳᠡᠬᠦ ᠂ ᠪᠠᠢ ᠬᠡᠷᠡᠭ ᠤ ᠬᠠᠷᠢᠨ ᠨᠢ ᠪᠠᠢ ᠬᠡᠷᠡᠭ ᠤ ᠬᠦᠪᠡᠭᠡᠵᠢᠭᠦᠯᠬᠦ ᠶᠢᠨ ᠬᠠᠷᠠᠭᠤᠯᠤᠮᠵᠢ ᠵᠢ ᠂ ᠬᠠᠷᠢᠨ ᠨᠢ

ᠵᠢᠷᠤᠭ ᠤ ᠬᠠᠷᠠᠭᠤᠯᠤᠮᠵᠢ ᠬᠡᠷᠡᠭᠯᠡᠭᠳᠡᠬᠦ ᠂ ᠪᠠᠢ ᠬᠡᠷᠡᠭ ᠤ ᠬᠠᠷᠠᠭᠤᠯᠤᠮᠵᠢ ᠵᠢ ᠂ ᠬᠠᠷᠢᠨ 21 ᠬᠡᠷᠡᠭᠯᠡᠭᠳᠡᠬᠦ ᠂ ᠬᠦᠪᠡᠭᠡᠵᠢᠭᠦᠯᠬᠦ ᠂ ᠪᠠᠢ ᠬᠡᠷᠡᠭ ᠤ ᠬᠠᠷᠢᠨ ᠨᠢ

ᠠᠢ ᠂ ᠵᠢᠷᠤᠭ ᠤ ᠬᠠᠷᠠᠭᠤᠯᠤᠮᠵᠢ ᠵᠢ ᠬᠡᠷᠡᠭᠯᠡᠭᠳᠡᠬᠦ ᠂ ᠪᠠᠢ ᠬᠡᠷᠡᠭ ᠤ 90% ᠬᠡᠮᠵᠢᠶ᠎ᠠ ᠪᠠᠢ ᠬᠡᠷᠡᠭᠯᠡᠭᠳᠡᠬᠦ ᠂ ᠬᠦᠪᠡᠭᠡᠵᠢᠭᠦᠯᠬᠦ ᠶᠢᠨ ᠬᠠᠷᠢᠨ ᠨᠢ

ᠬᠦᠪᠡᠭᠡᠵᠢᠭᠦᠯᠬᠦ ᠵᠢᠨ ᠬᠠᠷᠠᠭᠤᠯᠤᠮᠵᠢ ᠵᠢ ᠬᠡᠷᠡᠭᠯᠡᠭᠳᠡᠬᠦ 36% ᠬᠡᠮᠵᠢᠶ᠎ᠠ ᠂ 90% ᠪᠠᠢ ᠬᠡᠷᠡᠭ ᠤ ᠬᠠᠷᠠᠭᠤᠯᠤᠮᠵᠢ ᠵᠢ (ᠪᠠᠢ) ᠬᠡᠷᠡᠭ 20 ᠬᠡᠷᠡᠭᠯᠡᠭᠳᠡᠬᠦ ᠃ ᠬᠠᠷᠢᠨ ᠨᠢ ᠪᠠᠢ

᠁᠂ ᠬᠦᠪᠡᠭᠡᠵᠢᠭᠦᠯᠬᠦ ᠵᠢ ᠬᠡᠷᠡᠭᠯᠡᠭᠳᠡᠬᠦ ᠬᠠᠷᠠᠭᠤᠯᠤᠮᠵᠢ

（一）技术内容

禁牧适用于所有暂时或长期不适宜放牧的土地，一般应持续3～5年。禁牧结束后，草场可采取控制放牧、轮牧等措施。永久禁牧相当于退牧，一般只适用于不适合放牧或永久丧失放牧价值的特定区域。

地块选择和设施要求：禁牧一般在过度放牧导致植被减少、生态环境严重退化的地块上实施。为了防止牲畜进入，禁牧一般需要围栏设施。

禁牧时限：禁牧以植物生长周期为基础，最小禁牧期限为一年。根据禁牧后植被的恢复情况，禁牧可以持续几年。

解除禁牧时的主要参考指标：根据具体情况，当禁牧区的初级生产力在生长季节结束时干物质产量超过600 kg/hm^2，或年产草量超过该地理论载畜量条件下家畜年需草量的2倍以上，或植被盖度超过50%时，可以解除禁牧。解除禁牧后，宜对草地实施控制放牧、休牧和轮牧。

ᠬᠡᠷᠡᠭᠯᠡᠭᠳᠡᠬᠦ ᠪᠠᠶᠢᠨ᠎ᠠ᠃

ᠳᠡᠭᠡᠷ᠎ᠡ ᠶᠢᠨ ᠲᠤᠬᠠᠢ ᠶᠢᠨ 50% ᠬᠡᠷᠡᠭᠯᠡᠭᠰᠡᠨ ᠬᠡᠷ ᠢᠶᠡᠷ ᠳᠡᠭᠡᠷ᠎ᠡ ᠪᠠᠶᠢᠨ᠎ᠠ᠃ ᠬᠡᠷᠡᠭᠯᠡᠭᠰᠡᠨ ᠬᠡᠷ ᠪᠠᠶᠢᠨ᠎ᠠ ᠂ ᠬᠡᠷᠡᠭᠯᠡᠭᠰᠡᠨ ᠬᠡᠷ ᠪᠠᠶᠢᠨ᠎ᠠ ᠂ ᠬᠡᠷᠡᠭᠯᠡᠭᠰᠡᠨ 2 ᠬᠡᠷ ᠬᠡᠷᠡᠭᠯᠡᠭᠰᠡᠨ ᠬᠡᠷ ᠪᠠᠶᠢᠨ᠎ᠠ ᠂ ᠬᠡᠷᠡᠭᠯᠡᠭᠰᠡᠨ 600 kg/hm² ᠬᠡᠷᠡᠭᠯᠡᠭᠰᠡᠨ ᠬᠡᠷ ᠪᠠᠶᠢᠨ᠎ᠠ᠃

ᠬᠡᠷᠡᠭᠯᠡᠭᠰᠡᠨ ᠬᠡᠷ ᠪᠠᠶᠢᠨ᠎ᠠ ᠂ ᠬᠡᠷᠡᠭᠯᠡᠭᠰᠡᠨ ᠬᠡᠷ ᠪᠠᠶᠢᠨ᠎ᠠ᠃

ᠬᠡᠷᠡᠭᠯᠡᠭᠰᠡᠨ ᠬᠡᠷ 3～5 ᠬᠡᠷ ᠪᠠᠶᠢᠨ᠎ᠠ᠃

ᠬᠡᠷᠡᠭᠯᠡᠭᠰᠡᠨ ᠬᠡᠷ ᠪᠠᠶᠢᠨ᠎ᠠ᠃

（ᠬᠡᠷ）ᠬᠡᠷᠡᠭᠯᠡᠭᠰᠡᠨ ᠬᠡᠷ

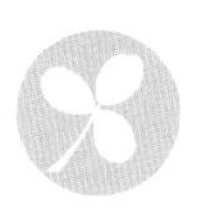

（二）技术效果

禁牧的草地具有极强的自然恢复力。在此驱动下，草原生态系统将向自身最适宜、最稳定的方向发展，植物物种呈现出"增加-调节-稳定"的特征。

在禁牧之初，植物种类逐渐增加，这一过程通常持续5～6年。但是，如果草原又受到放牧、生物灾害、极端天气等因素的影响，这一过程将会延长。比如，宁夏回族自治区连续禁牧16年，植物多样性指数、物种丰富度、均匀度较禁牧前分别提高15%、22%、45%，目前仍处于不断向好的变化进程中，与历史较好水平相比尚有很大的差距。

在禁牧中期，当物种数量增加到一定程度时，物种之间的相互作用和生存竞争日益加剧。植物种类和相对丰度是动态变化的，但这是群落内部正常的自我调节。

（三）技术缺点

草地围栏建设会导致生产成本提高，也增加了管理和维护费用，导致牧民收入降低。部分地区由于禁牧区的家畜饲草料不足，使未实施禁牧的草场出现超载放牧的现象，严重破坏草场。长期采用禁牧有可能会造成草地资源浪费。

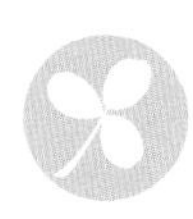

五、围栏封育技术

围栏封育是把草地暂时封闭一段时期，在此期间不进行放牧或割草，使牧草休养生息以便贮藏足够的营养物质，逐渐恢复草地生产力，并使牧草有机会进行结籽或营养繁殖，促进群落自然更新。该技术可解除因放牧对植被产生的压力，改善植物生存环境，促进植物恢复生长。通过围栏封育，草原植被覆盖度和产草能力大幅度提高，畜牧业稳定发展，农牧民收入增加。这是为全面恢复和改善退化的天然草原生态系统、促进社会经济可持续发展而采取的重大战略举措，具有深刻的生态意义、经济意义和社会意义。

ᠨᠠᠢᠮᠠ ᠂ ᠰᠤᠪᠤᠷᠭᠠᠯᠠᠨᠭ ᠤᠨ ᠪᠡᠯᠴᠢᠭᠡᠷ ᠤᠨ ᠠᠰᠢᠭᠯᠠᠯᠲᠠ ᠶᠢᠨ ᠠᠷᠭ᠎ᠠ

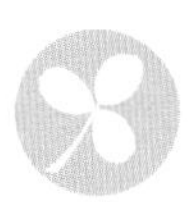

（一）技术内容

规划布局：根据围栏区域的自然经济特点、草地类型、合理利用原则等统一设计、规划。

围栏规模：根据土壤条件、植被生长状况、草地生产力来确定。

围栏形状：依据围栏区域的地形条件决定。

围栏方法：方法较多，有挖沟、筑土墙、垒石墙，以及扎柳栅篱、绿篱、铁刺丝、钢丝围栏和电围栏等10余种。

封育时间：依据具体情况而定，短则几个月，长则数年。一般来说，干旱荒漠草原封育至少应在2～3年，其他地方可实行季封育，即春秋封闭，夏冬利用。在某些情形下，也可以实行小块草地轮流封育。

封育综合改良：封育的草地如果结合补播、浅耕翻、施肥、灌溉等综合措施，效果会更佳。

ᠬᠥᠷᠥᠩᠭᠡᠲᠦ ᠮᠠᠯ (ᠪᠤᠶᠤ ᠬᠤᠷᠠᠭ᠎ᠠ ᠢᠰᠢᠭᠡ) ᠢ ᠵᠢᠯ ᠦᠨ ᠡᠬᠢᠨ ᠳᠦ ᠪᠣᠷᠳᠤᠯᠠᠨ᠎ᠠ᠄

ᠪᠣᠷᠳᠤᠯᠠᠬᠤ ᠲᠡᠵᠢᠭᠡᠯᠡᠭᠡ ᠢᠨ ᠣᠨᠴᠠᠯᠢᠭ ᠴᠢᠨᠠᠷ ᠄ ᠪᠣᠷᠳᠤᠯᠠᠬᠤ ᠲᠠᠷᠢᠶᠠᠨ ᠤ ᠬᠤᠭᠤᠴᠠᠭ᠎ᠠ ᠳᠦ ᠬᠤᠷᠳᠤᠨ᠂ ᠲᠡᠷᠢᠭᠦᠨ ᠦ

ᠮᠠᠯ ᠤᠨ ᠪᠢᠶ᠎ᠡ ᠢᠨ ᠬᠡᠮᠵᠢᠶ᠎ᠡ ᠢ 2 ~ 3 ᠳᠠᠬᠢᠨ ᠨᠡᠮᠡᠭᠳᠡᠭᠦᠯᠳᠡᠭ ᠤᠨᠴᠠᠯᠢᠭ ᠲᠠᠢ ᠃ ᠮᠠᠯ ᠤᠨ ᠪᠢᠶ᠎ᠡ ᠢᠨ

ᠬᠥᠭᠵᠢᠯᠲᠡ ᠢ ᠲᠦᠷᠭᠡᠳᠭᠡᠬᠦ ᠪᠡᠷ ᠄ ᠪᠡᠶ᠎ᠡ ᠢᠨ ᠪᠦᠲᠦᠴᠡ ᠢ ᠰᠠᠶᠢᠵᠢᠷᠠᠭᠤᠯᠵᠤ ᠃ ᠮᠠᠬᠠᠯᠢᠭ ᠤᠨ ᠬᠤᠷᠢᠶᠠᠮᠵᠢ ᠢ

ᠨᠡᠮᠡᠭᠳᠡᠭᠦᠯᠳᠡᠭ ᠃ ᠬᠥᠷᠥᠩᠭᠡᠲᠦ ᠮᠠᠯ ᠢ 10 ᠬᠤᠨᠤᠭ ᠳᠦ ᠃

ᠪᠣᠷᠳᠤᠯᠠᠬᠤ ᠲᠡᠵᠢᠭᠡᠯᠡᠭᠡ ᠢᠨ ᠠᠷᠭ᠎ᠠ ᠄ ᠨᠢᠭᠡ ᠃ ᠬᠣᠶᠠᠷ ᠃ ᠭᠤᠷᠪᠠ ᠃ ᠳᠥᠷᠪᠡ ᠃

ᠪᠣᠷᠳᠤᠯᠠᠬᠤ ᠲᠡᠵᠢᠭᠡᠯᠡᠭᠡ ᠢᠨ ᠬᠤᠭᠤᠴᠠᠭ᠎ᠠ ᠄ ᠨᠢᠭᠡ ᠃ ᠬᠣᠶᠠᠷ ᠃ ᠭᠤᠷᠪᠠ ᠃

ᠪᠣᠷᠳᠤᠯᠠᠬᠤ ᠲᠡᠵᠢᠭᠡᠯᠡᠭᠡ ᠢᠨ ᠠᠷᠭ᠎ᠠ ᠄ ᠨᠢᠭᠡ ᠃ ᠬᠣᠶᠠᠷ ᠃ ᠭᠤᠷᠪᠠ ᠃ ᠳᠥᠷᠪᠡ ᠃ ᠲᠠᠪᠤ ᠃

ᠪᠣᠷᠳᠤᠯᠠᠬᠤ ᠲᠡᠵᠢᠭᠡᠯᠡᠭᠡ ᠢᠨ ᠬᠤᠭᠤᠴᠠᠭ᠎ᠠ ᠄ ᠨᠢᠭᠡ ᠃

(ᠬᠣᠶᠠᠷ) ᠬᠤᠷᠠᠭ᠎ᠠ ᠢᠨ ᠪᠣᠷᠳᠤᠯᠭ᠎ᠠ

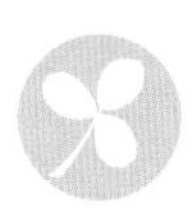

（二）技术效果

围栏封育便于有计划、科学地管理草地，有利于退化草地、沙化草地的休养生息与自然更新，提高草地生产潜力；有利于草地松土补播、耕翻、施肥、灌溉等培育、改良措施的实施；有利于后期控制放牧和划区轮牧等放牧技术的实施。

（三）技术缺点

围栏封育有一些缺点，例如草地恢复耗时长，需要采购饲草料作为补充；草地补播和施肥等措施会对植被和土壤产生较大的干扰；围栏资金投入较高。

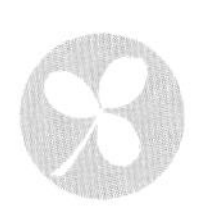

第二节　割草地的合理利用

　　割草地（即打草场）多为优良的天然草地，具有优质、高产的特点，一般比良好的放牧地产量高1～2倍或更多。割草地占的比例越大，表明草地畜牧业生产的集约化程度越高。畜牧业比较发达的国家，割草地都占有较大比例，割草地与放牧地之比在英国为1∶2，在法国为2∶3。割草地上收获的干草往往是家畜饲料的重要组成部分，是家畜冬春补饲或舍饲的重要饲料来源。在我国目前生产条件下，尤其在广大牧区，对现有的割草地进行合理利用，同时开发新的割草地，是解决牧草供给季节性不平衡的重要手段，也是冬春期间抗灾保畜、减少春乏损失的主要措施。

ᠲᠦᠷ ᠪᠠᠢᠷᠢᠨ ᠤ ᠲᠠᠯᠠᠪᠠᠢ ᠶᠢᠨ ᠬᠠᠷᠢᠴᠠᠭ᠎ᠠ

ᠳ᠋ᠠ᠂ ᠮᠠᠯᠵᠢᠬᠤ ᠲᠠᠯᠠᠪᠠᠢ ᠶᠢᠨ ᠬᠠᠷᠢᠴᠠᠭ᠎ᠠ

ᠮᠠᠯᠵᠢᠬᠤ ᠲᠠᠯᠠᠪᠠᠢ ᠶᠢᠨ ᠬᠠᠷᠢᠴᠠᠭ᠎ᠠ ᠨᠢ ᠮᠠᠯ ᠤᠨ ᠲᠡᠵᠢᠭᠡᠯ ᠤᠨ ᠬᠡᠮᠵᠢᠶ᠎ᠡ ᠪᠠ ᠲᠠᠯᠠᠪᠠᠢ ᠶᠢᠨ ᠡᠪᠡᠰᠦᠨ ᠤ ᠬᠡᠮᠵᠢᠶ᠎ᠡ ᠶᠢᠨ ᠬᠠᠷᠢᠴᠠᠭ᠎ᠠ ᠶᠢ ᠵᠢᠭᠠᠨ᠎ᠠ᠃ ᠮᠠᠯᠵᠢᠬᠤ ᠲᠠᠯᠠᠪᠠᠢ ᠶᠢᠨ ᠬᠠᠷᠢᠴᠠᠭ᠎ᠠ ᠨᠢ ᠶᠡᠷᠦ ᠳᠡᠭᠡᠨ 1 : 2 ᠠᠴᠠ 2 : 3 ᠪᠠᠢᠨ᠎ᠠ᠃ ᠮᠠᠯᠵᠢᠬᠤ ᠲᠠᠯᠠᠪᠠᠢ ᠶᠢ 1 ~ 2 ᠵᠢᠯ ᠢᠶᠡᠷ ᠰᠢᠯᠵᠢᠭᠦᠯᠦᠨ ᠮᠠᠯᠵᠢᠬᠤ (ᠠᠮᠠᠷᠠᠭᠤᠯᠬᠤ) ᠨᠢ ᠵᠣᠬᠢᠰᠲᠠᠢ ᠪᠠᠢᠨ᠎ᠠ᠃

一、刈割技术

牧草的刈割是收获干草的重要生产环节，它的作业质量不仅直接关系到当年收获干草的数量和品质，也影响到后续草场的持续利用。因此，刈割是割草地合理利用的重要生产技术。

（一）刈割时期

禾本科牧草在抽穗期刈割，豆科牧草和杂类草在开花期刈割。一般半个月内完成，最晚在牧草停止生长前一个月结束。

（二）刈割次数

在植物和气候条件较好的地区，为了充分利用割草地生产潜力，在刈割后可以进行第二次刈割或放牧，但必须在植物生长停止前一个月停止刈割或放牧，否则将会影响草地在第二年的生长发育。

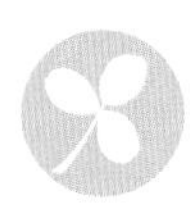

（三）刈割高度

刈割高度关系到牧草产量和再生。温性典型草原留茬高度不低于12 cm，温性草甸草原、低地草甸和沼泽类草地留茬高度不低于9 cm。休闲的割草地翌年留茬高度不低于7 cm。

（四）刈割方法

牧草刈割与调制的程序为：牧草刈割→牧草摊晒→倒伏草的搂集和刈割草的耙集→干草的堆垛→把堆压实→集成大堆→往养畜场运送干草→干草压缩→拣拾打捆→往堆垛处运草→制作草粉等。

晾晒刈割后的牧草以散失牧草中的过多水分，是割草后必须经过的过程。一般是搂草后在条堆内晾晒，或有条件时采用推晒机和翻草机。

ᠲᠣᠷ ᠲᠤᠷ ᠪᠠᠶᠢᠷᠢᠯᠠᠵᠤ ᠂ ᠲᠡᠳᠡᠭᠡᠷ ᠣᠨᠴᠠᠯᠢᠭ ᠢ ᠨᠢ ᠨᠠᠷᠢᠨ ᠰᠢᠨᠵᠢᠯᠡᠭᠰᠡᠨ ᠢᠶᠡᠷ ᠪᠠᠶᠢᠭᠤᠯᠬᠤ ᠪᠣᠯ ᠃

ᠬᠠᠷᠢᠶᠠᠯᠠᠬᠤ ᠬᠠᠰᠢᠶ᠎ᠠ ᠶᠢᠨ ᠭᠠᠵᠠᠷ ᠢ ᠰᠠᠨᠠᠭᠠᠴᠢᠯᠠᠭᠰᠠᠨ ᠢᠶᠠᠷ ᠂ ᠡᠳᠦᠷ ᠪᠦᠷᠢ ᠶᠢᠨ ᠪᠡᠯᠴᠢᠭᠡᠷ ᠦᠨ ᠭᠠᠵᠠᠷ ᠢ ᠲᠣᠬᠢᠷᠠᠭᠤᠯᠬᠤ ᠪᠣᠯ ᠃

ᠮᠠᠯ ᠤᠨ ᠲᠣᠭᠠᠨ ᠤ ᠪᠠᠶᠢᠳᠠᠯ ᠢ ᠰᠢᠨᠵᠢᠯᠡᠵᠦ ᠂ ᠰᠢᠨᠵᠢᠯᠡᠭᠰᠡᠨ ᠢᠶᠡᠷ ᠪᠡᠯᠴᠢᠭᠡᠷ ᠦᠨ ᠭᠠᠵᠠᠷ ᠢ ᠲᠣᠬᠢᠷᠠᠭᠤᠯᠬᠤ ᠪᠣᠯ ᠃

ᠮᠠᠯ ᠤᠨ ᠲᠣᠭ᠎ᠠ ᠶᠢ ᠰᠠᠨᠠᠭᠠᠴᠢᠯᠠᠭᠰᠠᠨ ᠢᠶᠠᠷ ᠂ ᠪᠡᠯᠴᠢᠭᠡᠷ ᠦᠨ ᠭᠠᠵᠠᠷ ᠢ : ᠰᠠᠨᠠᠭᠠᠴᠢᠯᠠᠭᠰᠠᠨ → ᠰᠢᠨᠵᠢᠯᠡᠭᠰᠡᠨ → ᠰᠠᠨᠠᠭᠠᠴᠢᠯᠠᠭᠰᠠᠨ ᠢᠶᠠᠷ ᠪᠡᠯᠴᠢᠭᠡᠷ ᠦᠨ

(ᠬᠣᠶᠠᠳᠤᠭᠠᠷ) ᠪᠡᠯᠴᠢᠭᠡᠷᠯᠡᠬᠦ ᠬᠤᠭᠤᠴᠠᠭ᠎ᠠ

ᠪᠡᠯᠴᠢᠭᠡᠷ ᠦᠨ ᠡᠪᠡᠰᠦ 7 cm ᠪᠠᠶᠢᠭᠰᠠᠨ᠎ᠠ ᠮᠠᠯ ᠢ ᠪᠡᠯᠴᠢᠭᠡᠷᠯᠡᠭᠦᠯᠦᠨ᠎ᠡ ᠃ ᠡᠪᠡᠰᠦ 12 cm ᠪᠠᠶᠢᠭᠰᠠᠨ᠎ᠠ ᠮᠠᠯ ᠢ ᠭᠠᠷᠭᠠᠨ᠎ᠠ ᠃ ᠡᠪᠡᠰᠦ 9 cm ᠪᠠᠶᠢᠭᠰᠠᠨ᠎ᠠ ᠮᠠᠯ ᠢ ᠪᠡᠯᠴᠢᠭᠡᠷᠯᠡᠭᠦᠯᠦᠨ᠎ᠡ ᠃

ᠪᠡᠯᠴᠢᠭᠡᠷᠯᠡᠬᠦ ᠬᠤᠭᠤᠴᠠᠭ᠎ᠠ (ᠰᠠᠷ᠎ᠠ) ᠶᠢ ᠰᠠᠨᠠᠭᠠᠴᠢᠯᠠᠭᠰᠠᠨ ᠢᠶᠠᠷ ᠂ ᠮᠠᠯ ᠤᠨ ᠪᠡᠯᠴᠢᠭᠡᠷ ᠦᠨ ᠭᠠᠵᠠᠷ ᠢ ᠰᠠᠨᠠᠭᠠᠴᠢᠯᠠᠭᠰᠠᠨ ᠃

(ᠭᠤᠷᠪᠠ) ᠪᠡᠯᠴᠢᠭᠡᠷᠯᠡᠬᠦ ᠨᠢ ᠰᠠᠨᠠᠭᠠᠴᠢᠯᠠᠭᠰᠠᠨ

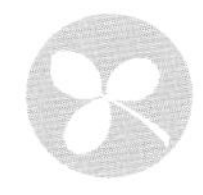

二、轮刈技术

　　长期在割草地上割草，每年从土壤中带走大量植物所必需的营养元素，会使土壤肥力逐年下降，牧草减产。特别是经常定期或多次刈割，造成割草地优良牧草衰退，产量下降，牧草也没有结实机会。为了改善割草地的生产情况，维持与提高生产力水平，必须采用合理的利用和管理方式——轮刈制度。

　　轮刈是一种采用轮换方式，按一定顺序逐年变更割草地刈割时期、次数，并培育草场的制度。它的中心内容在于变更割草地逐年刈割的时期和利用次数，并进行休闲与培育，使植物积累足够的营养物质和形成种子，有利于植物既能种子繁殖，也能营养繁殖，还能改善植物的生长条件。在组织轮刈时，可将割草地划分为2～6块地段，然后采取一定的轮刈方案，对每块地段分别进行逐年轮换利用与培育。

　　轮刈应该选择地形平坦，坡度在15°以下，无岩石和灌木的割草地，便于机械化操作。牧草组成以高草为主，叶层高度不低于35 cm，牧草覆盖度不低于50%。

ᠬᠠᠮᠤᠭ ᠤᠨ ᠪᠠᠭᠠ ᠲᠠᠢ ᠪᠠᠶᠢᠳᠠᠭ᠃

ᠨᠢᠭᠡ᠂ ᠬᠢᠵᠠᠭᠠᠷᠯᠠᠯᠲᠠ ᠲᠠᠢ ᠪᠡᠯᠴᠢᠬᠡᠷᠯᠡᠬᠦ ᠠᠷᠭᠠ

《ᠬᠢᠵᠠᠭᠠᠷᠯᠠᠯᠲᠠ ᠲᠠᠢ ᠪᠡᠯᠴᠢᠬᠡᠷᠯᠡᠬᠦ》 ᠭᠡᠳᠡᠭ ᠨᠢ᠃

ᠬᠢᠵᠠᠭᠠᠷᠯᠠᠯᠲᠠ ᠲᠠᠢ ᠪᠡᠯᠴᠢᠬᠡᠷᠯᠡᠬᠦ ᠭᠡᠳᠡᠭ ᠨᠢ ᠬᠠᠳᠤᠯᠠᠩ ᠤᠨ ᠰᠤᠶᠤᠭᠠᠯᠠᠭᠰᠠᠨ ᠡᠪᠡᠰᠦ ᠵᠢ ᠬᠤᠷᠢᠶᠠᠵᠤ ᠠᠪᠤᠭᠰᠠᠨ ᠤ ᠳᠠᠷᠠᠭ᠎ᠠ᠃ ᠪᠡᠯᠴᠢᠬᠡᠷ ᠤᠨ ᠠᠷᠠᠯᠵᠢ ᠶᠢᠨ ᠰᠤᠶᠤᠭᠠᠯᠠᠭᠰᠠᠨ ᠡᠪᠡᠰᠦ ᠵᠢ 2 ~ 6 ᠤᠳᠠᠭ᠎ᠠ ᠪᠡᠯᠴᠢᠬᠡᠷᠯᠡᠭᠦᠯᠵᠦ᠃ ᠦᠭᠡᠷ᠎ᠡ ᠪᠡᠷ ᠬᠡᠯᠡᠪᠡᠯ ᠠ ᠪᠡᠷ ᠨᠢ ᠡᠬᠢᠯᠡᠭᠡᠳ

ᠬᠠᠳᠤᠯᠠᠩ ᠤᠨ ᠰᠤᠶᠤᠭᠠᠯᠠᠭᠰᠠᠨ ᠡᠪᠡᠰᠦ ᠵᠢ ᠬᠤᠷᠢᠶᠠᠵᠤ ᠠᠪᠤᠭᠰᠠᠨ ᠤ ᠳᠠᠷᠠᠭ᠎ᠠ᠃

ᠬᠠᠳᠤᠯᠠᠩ ᠤᠨ ᠰᠤᠶᠤᠭᠠᠯᠠᠭᠰᠠᠨ ᠡᠪᠡᠰᠦ ᠵᠢ 15° ᠤᠨ ᠪᠡᠯᠴᠢᠬᠡᠷ ᠪᠣᠯᠤᠨ ᠪᠦᠷᠢᠨ 35 cm ᠤᠨ ᠬᠠᠳᠤᠯᠠᠩ ᠤᠨ 50% ᠤᠨ

ᠪᠡᠯᠴᠢᠬᠡᠷ ᠲᠤ ᠪᠡᠯᠴᠢᠬᠡᠷᠯᠡᠬᠦ᠃

（一）刈割方法

刈割技术与非轮刈的割草技术基本一致，一般为一年一次，适宜的高度在 5 cm左右，可根据草地类型的不同适当调整。

（二）轮刈方案

两年二区轮刈方案：把一块割草场根据物候分成两个区，采用逐区逐年轮刈。刈割时期分为开花期（7月中旬至8月上旬）和种子成熟期（8月中旬至9月下旬）两个时间段，如果第一区第一年在开花初期刈割，第二年就在种子成熟期刈割；第二区第一年在种子成熟期刈割，则第二年在开花初期刈割。

三年三区轮刈方案：把一块割草场分成三个区，采用逐区逐年轮刈。根据牧草不同物候期，分别在主要牧草品种抽穗（现蕾）期、开花期和种子成熟期刈割。在各区域割草时，应留有15～30 m宽的缺割区。冬季轮刈区方向与主风向垂直，有利于种子的传播。具体操作是：第一区第一年在抽穗期刈割，第二年在开花期刈割，第三年在种子成熟期刈割；第二区第一年在开花期刈割，第二年在种子成熟期刈割，第三年在抽穗期刈割；第三区第一年在种子成熟期刈割，第二年在抽穗期刈割，第三年在开花期刈割。

ᠨᠡᠩ ᠵᠦᠭᠡᠯᠡᠨ

四年四区轮刈方案：将割草场划分为四个区域，采用休耕、施肥、灌溉、补播等技术轮作、割草。在各区域割草时，应留有 15～30 m 宽的缺割区。冬季轮刈区和休闲区（短时间不割，留作繁殖更新）方向与主风向垂直。具体操作是：第一区第一年休闲，第二年在抽穗期刈割，第三年在开花期刈割，第四年在种子成熟期刈割；第二区第一年在抽穗期刈割，第二年在开花期刈割，第三年在种子成熟期刈割，第四年休闲；第三区第一年在开花期刈割，第二年在种子成熟期刈割，第三年休闲，第四年在抽穗期刈割；第四区第一年在种子成熟期刈割，第二年休闲，第三年在抽穗期刈割，第四年在开花期刈割。

ᠮᠣᠩᠭᠣᠯ

第四章　天然草地干草利用与青贮调制

第一节　干草收储技术

一、收获时间

在晴朗天气进行收获，选择主要植物种子灌浆或乳熟时期。

二、刈割

刈割时逐条刈割，不要错漏，留茬高度5 ~ 10 cm。如出现倒伏情况，要逆着倒伏方向进行刈割。

三、搂草

刈割时含水率50% ~ 60%的牧草，晾晒1 ~ 2天，形成草条带；含水率35% ~ 40%的牧草，刈割后晾晒0.5 ~ 1天。

35% ～ 40% ᠪᠠᠶᠢᠬᠤ ᠬᠡᠷᠡᠭᠲᠡᠢ᠃ ᠳᠡᠭᠡᠷᠡᠬᠢ ᠰᠠᠯᠠᠭ᠎ᠠ ᠬᠠᠷ ᠵᠥᠪ ᠲ 0.5 ～ 1 ᠮᠸᠲᠷ ᠪᠠᠶᠢᠬᠤ ᠬᠡᠷᠡᠭᠲᠡᠢ᠃

ᠳᠡᠭᠡᠷᠡᠬᠢ ᠬᠠᠷᠪ᠎ᠠ ᠪᠤᠯ ᠵᠤᠰᠠᠯᠠᠩ ᠤᠨ ᠡᠪᠡᠰᠦᠨ ᠤ ᠡᠪᠡᠰᠦᠯᠡᠭᠦᠯᠬᠦ ᠲ 50% ～ 60% ᠪᠠᠶᠢᠬᠤ ᠬᠡᠷᠡᠭᠲᠡᠢ᠂ ᠳᠡᠭᠡᠷᠡᠬᠢ ᠰᠠᠯᠠᠭ᠎ᠠ ᠬᠠᠷᠪᠤᠯᠠᠭ ᠵᠥᠪ᠃ ᠳᠡᠭᠡᠷᠡᠬᠢ ᠪᠠᠶᠢᠬᠤᠯᠠᠭ

ᠬᠤᠶᠠᠷ᠂ ᠬᠠᠳᠤᠯᠠᠩ

ᠬᠠᠳᠤᠯᠠᠩ ᠤᠨ ᠡᠪᠡᠰᠦᠨ ᠤ ᠡᠪᠡᠰᠦᠯᠡᠬᠦ ᠬᠠᠷ ᠤᠨ ᠲᠤᠰᠬᠠᠢ ᠰᠠᠯᠠᠭ᠎ᠠ ᠬᠠᠷ ᠵᠥᠪ ᠲ᠃ ᠬᠠᠳᠤᠯᠠᠩ ᠤᠨ ᠡᠪᠡᠰᠦᠨ᠂ ᠬᠠᠳᠤᠯᠠᠩ ᠤᠨ ᠡᠪᠡᠰᠦᠨ ᠤ ᠬᠠᠷᠪᠤᠯᠠᠭ ᠬᠠᠷ ᠲ 1 ～ 2 ᠮᠸᠲᠷ ᠪᠠᠶᠢᠬᠤ᠂ ᠬᠠᠳᠤᠯᠠᠩ ᠬᠠᠷᠪᠤᠯᠠᠭ ᠵᠥᠪ᠃ ᠳᠡᠭᠡᠷᠡᠬᠢ ᠪᠠᠶᠢᠬᠤᠯᠠᠭ

ᠭᠤᠷᠪᠠ᠂ ᠪᠡᠯᠴᠢᠭᠡᠷ

ᠪᠡᠯᠴᠢᠭᠡᠷ ᠦᠨ ᠡᠪᠡᠰᠦᠨ ᠤ ᠬᠠᠷᠪᠤᠯᠠᠭ᠃ ᠪᠡᠯᠴᠢᠭᠡᠷ ᠦᠨ ᠡᠪᠡᠰᠦᠨ ᠤ ᠬᠠᠷᠪᠤᠯᠠᠭ ᠬᠠᠷ ᠲ᠃ ᠪᠡᠯᠴᠢᠭᠡᠷ ᠦᠨ ᠬᠠᠷ ᠵᠥᠪ᠃ ᠳᠡᠭᠡᠷᠡᠬᠢ ᠪᠠᠶᠢᠬᠤᠯᠠᠭ ᠵᠥᠪ ᠲ 5 ～ 10 cm ᠪᠠᠶᠢᠬᠤ᠃ ᠳᠡᠭᠡᠷᠡᠬᠢ ᠪᠠᠶᠢᠬᠤᠯᠠᠭ

ᠪᠡᠯᠴᠢᠭᠡᠷ ᠦᠨ ᠡᠪᠡᠰᠦᠨ ᠤ ᠬᠠᠷᠪᠤᠯᠠᠭ᠂ ᠪᠡᠯᠴᠢᠭᠡᠷ ᠦᠨ ᠬᠠᠷ ᠵᠥᠪ᠃

ᠪᠡᠯᠴᠢᠭᠡᠷ ᠦᠨ ᠡᠪᠡᠰᠦᠨ ᠤ ᠬᠠᠷᠪᠤᠯᠠᠭ᠂ ᠪᠡᠯᠴᠢᠭᠡᠷ ᠦᠨ ᠬᠠᠷ ᠵᠥᠪ

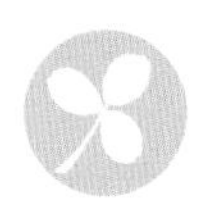

四、含水率测定

可在实验室测量含水率。也可以将少量草样放在滤纸上，放入微波转盘加热，干燥5 min后取出称重，然后继续加热、干燥、称重——每2 min称量一次样品，直到草样重量达到恒定重量。

五、打捆

捆扎过程中的压力可以根据含水率来确定。含水率相对较高，压力较低，捆扎后按标准及时堆放；含水率合格，可增加捆扎压力，降低捆扎和运输成本。

（蒙古文，竖排）

2 min

5 min

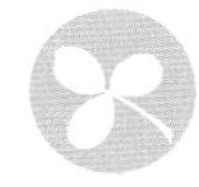

六、储藏

（一）草棚储存

干草储存设施应建在相对集中的地区，并选择阳光充足、通风良好、干燥、平坦、易于管理和运输的地点。

草棚结构建议选择敞开式或三面墙。对于机械或人工堆垛，干草应首先捆扎。开放式或半开放式、拱形或双坡屋顶均适用。开放式草棚的迎风侧应设置风障，其高度应高于檐口0.4～0.5 m。多风区应采用前开式或封闭式设施形式。地面应具有良好的防潮能力。干草储存设施周围应设置排水沟，宽度为0.3～0.4 m，深度为0.4～0.6 m，纵向坡度为15%。排水沟表面应有沟盖。干草堆一般沿设施长轴成条堆放，堆宽宜为4～6 m，高度距檐口0.3～0.4 m。露天贮草设施外侧应有0.5～1 m的通道，在干草堆之间预留1 m的通风带。

天然草地合理利用

(ᠠᠷᠪᠠᠨ) ᠬᠠᠳᠤᠯᠠᠩ ᠤ᠋ᠨ ᠬᠠᠰᠢᠶᠠᠯᠠᠯᠲᠠ

ᠨᠢᠭᠡ᠂ ᠬᠠᠰᠢᠶᠠᠯᠠᠯᠲᠠ

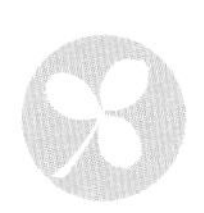

（二）露天堆储

内部和外部整齐，按梯级堆放，呈金字塔形。堆垛底部应铺上防水布或一层较厚的干草，并将底部一层侧立，朝同一方向堆放，然后按顺序堆放，最后盖上防水布密封。堆垛之间间隔 10～15 m，并设置防火、防水带。

七、安全管理

选择通风、干燥的地方存放干草，尽量避免在出风口，应远离生活区，并配备防火设施。及时办理草业保险，包括天然草原保险、种植保险、仓储保险、运输保险、天气保险等，降低生产经营风险。由专门人员进行定期的质量和安全检查，以预防问题的发生。

八、转运

应定期对运输人员进行安全培训。运输车辆进入工厂前必须在排气管上佩戴汽车防火帽，而且运输人员不得吸烟。运输车辆进入仓库前，应制作标识牌，记录牧草产地、装卸日期、数量、批次等信息。严禁20 t以上的大型运输车辆进入天然草地，而进入天然草地的运输车辆必须按规定路线行驶。

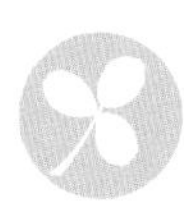

第二节　牧草青贮技术

青贮饲料加工时，绿色饲草放置在一个密封的青贮设施中，而且发酵过程主要由乳酸菌在厌氧环境中进行，能降低酸性、抑制微生物的生存。因此，绿色饲料可以储存很长一段时间。

一、青贮方式

裹包青贮：将牧草刈割、打捆后，用具有拉伸和黏附性能的薄膜包裹，形成密封的厌氧青贮环境。

窖贮：利用青贮窖贮藏青贮饲料的方法。

二、贮前准备

根据养殖规模和设施条件选择青贮量和青贮方式。青贮前应清理青贮设施内的杂物，检查设施的质量，如有损坏应及时修复。对各种青贮机械设备进行检修，使其正常运行。然后，准备青贮加工所需的材料。

ᠪᠠᠷᠠᠭᠤᠨ᠂ ᠠᠷᠠᠳ ᠤᠨ ᠬᠡᠷᠡᠭᠯᠡᠯ ᠤᠨ ᠪᠠᠶᠢᠳᠠᠯ

ᠪᠠᠷᠠᠭᠤᠨ᠄ ᠠᠷᠠᠳ ᠤᠨ ᠬᠡᠷᠡᠭᠯᠡᠯ ᠤᠨ ᠲᠤᠬᠠᠢ

ᠨᠢᠭᠡ᠂ ᠪᠠᠷᠠᠭᠤᠨ ᠤ ᠬᠡᠷᠡᠭᠯᠡᠯ ᠤᠨ ᠲᠤᠬᠠᠢ

- 121 -

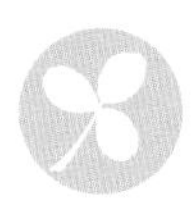

三、添加剂选用

切料、切碎、捆扎或灌装时，应喷洒各种能促进乳酸菌发酵、保证青贮成功的添加剂。

四、刈割

青贮原料的适宜收获期为抽穗期至初花期，此时含水率为45%～65%。刈割后如果含水率过高，应该进行晾晒，直至含水率下降到适宜范围。

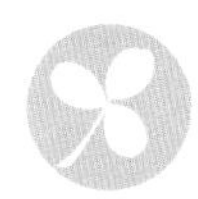

五、裹包青贮

　　将牧草收割后，用打捆机进行高密度压实打捆，然后通过裹包机用拉伸膜裹包起来，从而创造一个厌氧的发酵环境，最终完成乳酸发酵过程。

　　裹包青贮宜存放在平整的地面上，要有良好的排水系统，没有杂物或尖锐的物体。经常检查包装或塑料薄膜，如有损坏应及时修复。

ᠲᠣᠰᠬᠠᠢ ᠶᠠᠮᠤᠷ ᠵᠢᠨ ᠳᠡᠭᠡᠷᠡᠬᠢ ᠪᠣᠯᠤᠨ ᠠᠵᠢᠯᠯᠠᠭᠰᠠᠳ ᠢᠶᠠᠨ

ᠴᠠᠯᠢᠩ ᠬᠥᠯᠥᠰᠥ ᠶᠢᠨ ᠲᠣᠭᠲᠠᠯᠴᠠᠭ᠎ᠠ ᠶᠢ ᠰᠢᠨᠡᠴᠢᠯᠡᠬᠦ

ᠡᠰᠡᠭᠦᠯ ᠂ ᠴᠢᠨᠠᠭᠰᠢᠳᠠ ᠲᠠ ᠡᠳᠦᠷ ᠵᠢᠷᠭᠠᠯ ᠪᠥᠬᠦᠢ ᠬᠣᠶᠠᠷ ᠂ ᠲᠡᠵᠢᠭᠡᠪᠦᠷᠢ ᠶᠢᠨ ᠳᠠᠷᠠᠭ᠎ᠠ ᠂ ᠰᠢᠯᠢᠳᠡᠭ ᠨᠢ ᠭᠠᠵᠠᠷ ᠵᠢᠷᠭᠠᠯ ᠪᠣᠯᠬᠤ ᠳ᠋ᠤ ᠂ ᠬᠦᠮᠦᠨ ᠵᠢᠷᠭᠠᠯ ᠨᠢ ᠬᠣᠯᠪᠣᠭᠳᠠᠯ ᠂ ᠦᠨᠳᠦᠰᠦᠨ ᠲᠣᠭᠲᠠᠯᠴᠠᠭ᠎ᠠ

ᠡᠳᠡᠭᠡᠷ ᠬᠣᠶᠠᠷ ᠳᠤ ᠡᠵᠡᠩᠨᠡᠯᠲᠡ ᠶᠢ ᠠᠯᠪᠠ ᠲᠠᠷᠢᠶ᠎ᠠ ᠂ ᠡᠳᠦᠷ ᠵᠢᠷᠭᠠᠯ ᠤᠨ ᠂ ᠨᠢᠭᠡ ᠡᠳᠦᠷ ᠳᠤ ᠬᠠᠮᠤᠭ ᠤᠨ ᠲᠣᠭ᠎ᠠ ᠨᠢ ᠂ ᠠᠯᠢᠪᠠ ᠨᠢᠭᠡ ᠡᠳᠦᠷ ᠤᠨ ᠲᠡᠵᠢᠭᠡᠪᠦᠷᠢ ᠶᠢ

ᠡᠷᠬᠢᠯᠡᠯᠲᠡ ᠂ ᠨᠥᠬᠦᠴᠡᠯ ᠪᠣᠯᠭᠠᠵᠤ ᠂ ᠡᠭᠦᠨ ᠢᠶᠡᠷ ᠨᠢ ᠳᠠᠭᠠᠨ ᠂ ᠬᠠᠮᠳᠤ ᠳᠤ ᠨᠢ ᠂ ᠠᠵᠢᠯ ᠮᠡᠷᠭᠡᠵᠢᠯ ᠨᠢ ᠪᠤᠶᠤ ᠂ ᠡᠳᠦᠷ ᠲᠤᠳᠤᠮ

ᠡᠳᠦᠷ ᠵᠢᠷᠭᠠᠯ ᠤᠨ ᠬᠥᠯᠥᠰᠥ ᠶᠢ ᠬᠣᠶᠠᠷ ᠳᠤ ᠡᠭᠦᠷᠭᠡᠯᠡᠨ ᠂ ᠠᠰᠢᠭ ᠰᠢᠮ᠎ᠡ ᠨᠢ ᠨᠣᠮᠢᠨᠠᠯ ᠢᠶᠠᠷ ᠬᠣᠯᠪᠣᠭᠳᠠᠨ᠎ᠠ ᠃

六、窖贮

青贮窖的建设必须因地制宜。常用的水泥窖有简单型和永久型两种。前者适合养殖量小的养殖户，后者适合规模化养殖。无论青贮窖类型如何，选址应满足靠近围栏、地势高、干燥、避强光、远离污水和污物、质量坚固、地下水位低、窖墙周围无树根等条件。青贮窖可分为地上式、地下式和半地上式，形状一般为矩形，窖内四壁光滑，底部应有一定坡度以便排出多余汁液。

青贮原料装填应迅速、均匀，与压实作业交替进行。青贮原料以楔形从内到外分层填充。每次装料压实后，装填厚度不得超过30 cm，装填完成后青贮原料应比窖口高30 cm。宜采用窖压机或其他大中型轮式机械进行压实。装填、压实作业时，不得携带外来物质。

装填和压实操作后立即密封。从原料装填到封口不超过3天，或采用分段封口操作措施，每次封口时间也不超过3天。应该用无毒无害的塑料薄膜覆盖，并且在塑料膜外放置重物压实它。

应经常检查青贮设施的密封性，及时发现并解决渗漏现象；顶部积水应及时清除。

第五章　草原灾害防控

第一节　草原灾害概述

我国北方草原多受大陆季风气候控制；西部草原分布在青藏高原；南方的草山、草坡和沿海滩涂多处于复杂而多变的海陆过渡大气环境条件下。我国草原所处的这些大气系统形成复杂的反馈关系，极地高压、副热带高压和低纬西风带、中纬东风带、大陆季风的变化，以及垂直气流的剧烈变化，是导致草原自然灾害发生的主要原因，也可能是引发草原病、虫、鼠等生物灾害的重要环境因素。

ᠬᠣᠶᠠᠳᠤᠭᠠᠷ ᠬᠡᠰᠡᠭ ᠂ ᠮᠠᠯ ᠤᠨ ᠠᠵᠤ ᠠᠬᠤᠢ ᠶᠢᠨ ᠪᠦᠲᠦᠴᠡ ᠶᠢ ᠵᠣᠬᠢᠴᠠᠭᠤᠯᠬᠤ

ᠲᠠᠪᠤᠳᠤᠭᠠᠷ ᠪᠦᠯᠦᠭ

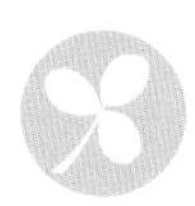

人类在某些阶段的社会经济活动，一方面不断向草原索取各种资源，无节制地开垦、采挖、超载过牧，另一方面又缺少对维持草原生态系统正常物质循环和能量流转的有效投入，同时常常将各种废弃物不加处理地丢弃在草原，极大地污染了环境，破坏了生态平衡，加剧了自然灾害的程度，降低了草原生态系统的自我修复和更新能力。有时，人们不考虑灾害因素的经济建设和无防灾意识的社会活动也会成为诱发自然灾害的重要原因。特别是旱灾、雪灾、火灾和生物灾害（鼠害、虫害、植物病害、动物疫病等）尤为严重，给我国草原畜牧业生产和牧区人民的生命财产造成很大的损失，也给草原生态系统造成了严重的破坏。

ᠪᠠᠢᠭᠠᠯᠢ ᠶᠢᠨ ᠬᠤᠯᠪᠤᠭᠠ ᠶᠢ ᠪᠦᠷᠢᠯᠳᠦᠭᠦᠯᠦᠭᠰᠡᠨ ᠨᠢᠭᠡᠴᠡ ᠶᠢ ᠳᠤᠤᠷᠠᠬᠢ ᠪᠠᠷ ᠬᠤᠷᠢᠶᠠᠩᠭᠤᠢᠯᠠᠵᠤ ᠪᠤᠯᠤᠨᠠ᠄

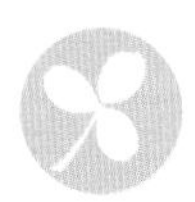

　　近十年来，我国已成为排在日本和美国之后，世界上第三个因自然灾害而损失最为严重的国家之一，各种经济损失超过了2万亿元人民币。我国平均每年因各类自然灾害造成约3亿人受灾，直接经济损失近2 000亿元。我国70%以上的大城市、半数以上的人口、75%的工农业产值，大多分布在气象、地震、地质和海洋等灾害严重的地区，灾害对社会经济发展的影响非常严重。

　　现代灾害通常是指：一切对生态环境、人类社会的物质和精神文明建设，尤其是人们的生命财产等造成危害的天然事件和社会事件，即凡是危害人类生命财产和生存条件的事件通称为灾害。《自然灾害学》把灾害定义为："由反常（意外）事件导致人类社会遭受的损害。仅有反常事件尚不足以称为灾害，唯有它使人类社会遭受损害才称为灾害。"可见，"灾害"的概念有3个要素，分别为人、财富和自然生态。

ᠬᠤᠷᠢᠶᠠᠩᠭᠤᠶᠢᠯᠠᠨ ᠲᠤ ᠪᠠᠶᠢᠷᠢ ᠬᠠᠮᠵᠢᠯᠠᠨ ᠢᠶᠠᠷ ᠲᠡᠶᠢᠵᠢᠶᠡᠯᠡᠬᠦ ᠠᠭᠤᠯᠤᠭᠳᠠᠬᠤᠨ ᠤ ᠬᠢ ᠳᠤ ᠨᠢ ᠪᠠᠶᠢᠳᠠᠭ ᠂ ᠡᠨᠡ ᠪᠤᠯ ᠲᠠᠷᠢᠶᠠᠯᠠᠩ ᠤᠨ ᠲᠠᠷᠢᠮᠠᠯ ᠤᠨ ᠬᠠᠩᠭᠠᠯᠭᠠ ᠃

ᠨᠠᠷᠠᠨ ᠤ ᠲᠤᠰᠬᠠᠯ ᠂ ᠬᠠᠯᠠᠭᠤᠨ ᠤ ᠬᠡᠮᠵᠢᠶ᠎ᠡ ᠲᠡᠶᠢᠮᠦ ᠳᠤᠯᠠᠭᠠᠨ ᠂ ᠭᠡᠷᠡᠯᠲᠦᠬᠦᠶᠢᠴᠡ ᠡᠴᠡ ᠪᠤᠯᠵᠤ ᠦᠢᠯᠡᠳᠬᠦ ᠨᠠᠷᠠᠨ ᠤ ᠲᠤᠰᠬᠠᠯ ᠤᠨ ᠪᠠᠶᠢᠳᠠᠯ ᠢᠶᠠᠷ 《 ᠨᠠᠷᠠᠨ ᠤ ᠲᠤᠰᠬᠠᠯ 》 (ᠰᠢᠨ᠎ᠡ) ᠭᠡᠵᠦ ᠨᠡᠷᠡᠶᠢᠳᠦᠨ᠎ᠡ ᠃ ᠲᠠᠷᠢᠮᠠᠯ ᠤᠨ ᠨᠠᠷᠠᠨ ᠤ ᠲᠤᠰᠬᠠᠯ ᠢ ᠠᠰᠢᠭᠯᠠᠬᠤ ᠬᠤᠪᠢ ᠬᠡᠮᠵᠢᠶ᠎ᠡ ᠳ᠋ᠤ 《 ᠨᠠᠷᠠᠨ ᠤ ᠲᠤᠰᠬᠠᠯ 》 ᠨᠢ ᠲᠤᠬᠠᠶᠢᠯᠠᠪᠠᠯ ᠨᠠᠷᠠᠨ ᠤ ᠲᠤᠰᠬᠠᠯ ᠢ ᠪᠦᠷᠢᠨ ᠠᠰᠢᠭᠯᠠᠬᠤ ᠬᠡᠮᠵᠢᠶ᠎ᠡ : 《 ᠲᠠᠷᠢᠮᠠᠯ ᠤᠨ ᠨᠠᠷᠠᠨ ᠤ ᠲᠤᠰᠬᠠᠯ 》 ᠪᠠᠷ ᠪᠠᠶᠢᠳᠠᠯ ᠨᠢ ᠬᠠᠷᠠᠭᠠᠯᠠᠬᠤ ᠪᠤᠯᠬᠤ ᠳᠤ ᠂ ᠡᠨᠡ ᠪᠤᠯ ᠨᠠᠷᠠᠨ ᠤ ᠲᠤᠰᠬᠠᠯ ᠤᠨ ᠠᠰᠢᠭᠯᠠᠯᠲᠠ ᠶᠢᠨ ᠲᠠᠷᠢᠮᠠᠯ ᠤᠨ ᠬᠠᠩᠭᠠᠯᠭᠠ ᠶᠢᠨ ᠪᠠᠶᠢᠳᠠᠯ ᠪᠤᠯᠤᠨ᠎ᠠ ᠃ ᠲᠠᠷᠢᠮᠠᠯ ᠤᠨ ᠨᠠᠷᠠᠨ ᠤ ᠲᠤᠰᠬᠠᠯ ᠢ ᠪᠦᠷᠢᠨ ᠠᠰᠢᠭᠯᠠᠬᠤ ᠳᠤ ᠂ ᠠᠭᠤᠷ ᠠᠮᠢᠰᠬᠤᠯ ᠤᠨ ᠪᠠᠶᠢᠳᠠᠯ ᠂ ᠭᠠᠵᠠᠷ ᠤᠨ ᠬᠦᠷᠦᠰᠦᠨ ᠤ ᠪᠠᠶᠢᠳᠠᠯ ᠂ ᠲᠠᠷᠢᠮᠠᠯ ᠤᠨ ᠪᠠᠶᠢᠳᠠᠯ 75% ᠡᠴᠡ ᠲᠡᠭᠡᠭᠰᠢ ᠲᠠᠷᠢᠮᠠᠯ ᠤᠨ ᠨᠠᠷᠠᠨ ᠤ ᠲᠤᠰᠬᠠᠯ ᠢ ᠠᠰᠢᠭᠯᠠᠬᠤ ᠬᠡᠮᠵᠢᠶ᠎ᠡ ᠃ ᠡᠨᠡ ᠨᠢ ᠬᠠᠮᠤᠭ ᠤᠨ 2 000 ᠤᠳᠠᠭ᠎ᠠ ᠬᠦᠷᠬᠦ ᠪᠤᠯᠪᠠᠯ ᠂ ᠡᠨᠡ ᠪᠤᠯ ᠲᠠᠷᠢᠮᠠᠯ ᠤᠨ 70% ᠨᠢ ᠬᠠᠩᠭᠠᠯᠭᠠ ᠶᠢᠨ ᠪᠠᠶᠢᠳᠠᠯ ᠂ ᠭᠡᠪᠡᠴᠦ ᠲᠠᠷᠢᠮᠠᠯ ᠤᠨ ᠬᠠᠮᠤᠭ 2 ᠬᠦᠷᠬᠦ ᠪᠤᠯᠤᠨ᠎ᠠ ᠃ ᠡᠨᠡ ᠪᠤᠯ ᠬᠠᠩᠭᠠᠯᠭᠠ ᠶᠢᠨ ᠬᠦᠷᠦᠰᠦᠨ ᠤ ᠪᠠᠶᠢᠳᠠᠯ ᠂ ᠨᠠᠷᠠᠨ ᠤ ᠲᠤᠰᠬᠠᠯ ᠢ ᠠᠰᠢᠭᠯᠠᠬᠤ ᠬᠡᠮᠵᠢᠶ᠎ᠡ ᠵᠢ ᠨᠢ ᠳᠡᠭᠡᠭᠰᠢᠯᠡᠬᠦᠯᠬᠦ ᠳᠤ ᠂ 3 ᠡᠴᠡ ᠪᠠᠭ᠎ᠠ ᠪᠤᠯ ᠳᠤᠬᠠᠶᠢᠯᠠᠪᠠᠯ ᠲᠠᠷᠢᠮᠠᠯ ᠤᠨ ᠨᠠᠷᠠᠨ ᠤ ᠲᠤᠰᠬᠠᠯ ᠂ ᠡᠨᠡ ᠨᠢ ᠲᠠᠷᠢᠮᠠᠯ ᠤᠨ ᠨᠠᠷᠠᠨ ᠤ ᠲᠤᠰᠬᠠᠯ ᠢ ᠠᠰᠢᠭᠯᠠᠬᠤ ᠪᠠᠶᠢᠳᠠᠯ ᠪᠤᠯᠤᠨ᠎ᠠ ᠃

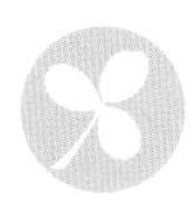

根据成因，通常把北方常见的草原灾害分为自然灾害、人为灾害、人为—自然灾害三类。不同灾害类型如下图所示。

- 草原灾害
  - 自然灾害
    - 生物灾害
      - 植物病害
      - 有毒植物
      - 外来有害生物入侵
      - 动物疫病
    - 气象灾害
      - 雪灾
      - 旱灾
      - 冻害
      - 冰雹
      - 水灾
    - 地质灾害
      - 山体滑坡
      - 地面塌陷
      - 泥石流
  - 人为灾害
    - 不合理开垦草原
    - 超载过牧
    - 滥挖滥采
    - 矿产开发
    - 生态水截留
    - 环境污染
    - 战争破坏
  - 人为—自然灾害
    - 火灾
    - 沙尘暴

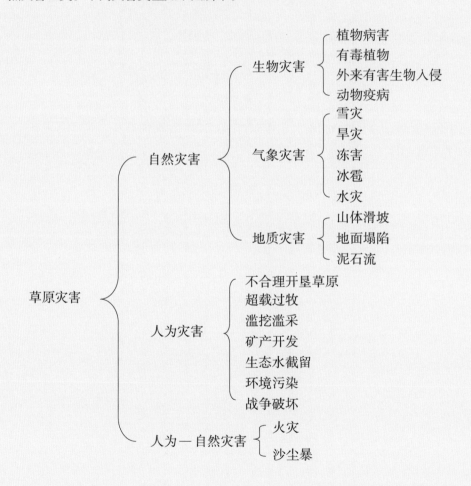

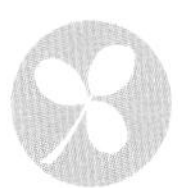

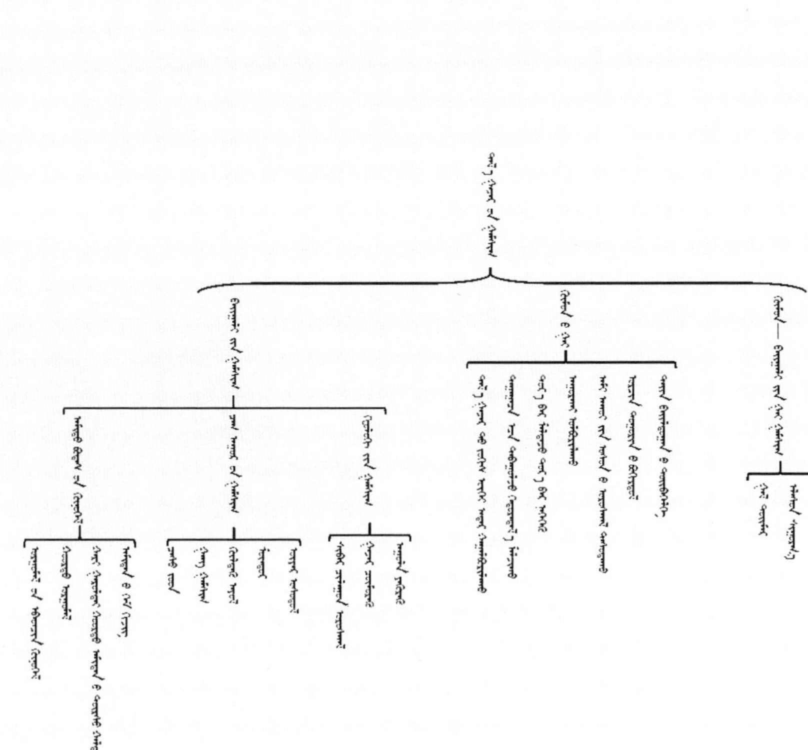

第二节　草原雪灾

　　由于草原畜牧业的季节性特点，雪灾历来就是畜牧业的一大危害。历史上草原游牧经济的脆弱性，在很大程度上是由雪灾所决定的。草原雪灾的致灾机理主要是一"饿"二"冻"，同时"饿""冻"交加。《内蒙古历代自然灾害史料续辑》统计的27次雪灾中，明确因"冻"致灾的就有10次。直到现在，雪灾对草原畜牧业生产和牧区社会经济的稳定发展仍然构成极大的威胁。我国草原雪灾集中分布在内蒙古、新疆、青海和西藏，并在地域上形成三个雪灾多发区，分别为内蒙古大兴安岭以西、阴山以北的广大地区，新疆天山以北地区，青藏高原地区。影响的牧区主要有内蒙古高原牧区、新疆北部山区、青藏高原牧区和祁连山牧区。

ᠮᠠᠯᠵᠢᠯ ᠤᠨ ᠬᠥᠭᠵᠢᠯᠲᠡ ᠡᠯᠰᠦᠨ ᠴᠥᠯᠵᠢᠯᠲᠡ ᠶᠢᠨ ᠠᠰᠠᠭᠤᠳᠠᠯ ᠪᠣᠯᠤᠨ᠎ᠠ

ᠲᠠᠷᠢᠶᠠᠯᠠᠩ ᠤᠨ᠎ᠠ᠃

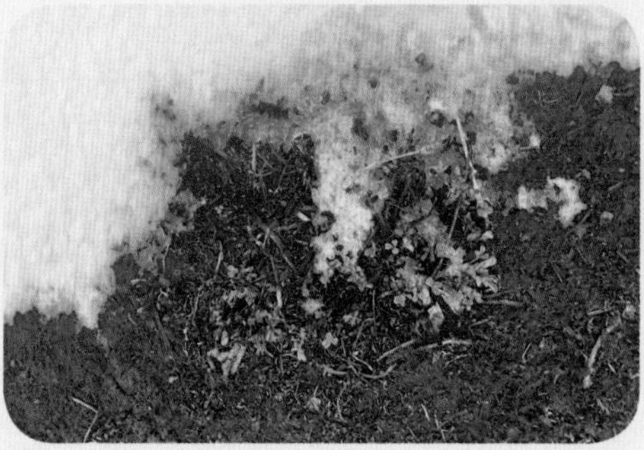

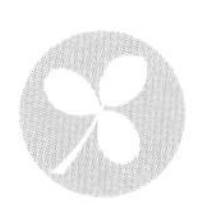

一、草原雪灾分布

（一）多发区域

在我国北方草原集中分布的内蒙古自治区，俗称"白灾"的雪灾主要发生在大兴安岭以西、阴山以北的广大区域。

中部牧区：锡林郭勒草原和乌兰察布草原为雪灾高发区，这里的草原属典型草原，牧草质量较好但高度较低，冬季降水量约20 mm，全年积雪日数60～120天；锡林郭勒牧区年暴风雪日数5～10天（包括吹雪日数），乌兰察布北部年暴风雪日数3～5天。40年里锡林郭勒盟雪灾发生17次，乌兰察布市发生12次，包括全区性的10次。中部牧区雪灾的持续时间比较长，最长的达到200天，所以这一区域是雪灾的重点防范区。

ᠪᠣᠷᠣᠭ᠎ᠠ ᠵᠢᠨ ᠬᠡᠮᠵᠢᠶ᠎ᠡ ᠨᠢ ᠴᠤᠬ 200 ᠮᠢᠯᠢᠮᠧᠲᠷ ᠪᠠᠶᠢᠳᠠᠭ᠃ ᠡᠭᠦᠨ ᠡᠴᠡ ᠦᠵᠡᠬᠦ ᠳᠦ᠂ ᠳᠤᠮᠳᠠ ᠬᠡᠪᠡᠷᠡᠭ ᠭᠠᠵᠠᠷ ᠤᠨ ᠡᠪᠡᠰᠦ ᠦᠭᠡ ᠲᠠᠷᠢᠮᠠᠯ ᠦᠨ ᠬᠥᠭᠵᠢᠯ ᠳᠦ ᠪᠣᠷᠣᠭ᠎ᠠ ᠵᠢᠨ ᠬᠡᠮᠵᠢᠶ᠎ᠡ ᠨᠢ ᠴᠤᠬ 10 ᠮᠢᠯᠢᠮᠧᠲᠷ ᠪᠣᠯ ᠪᠣᠷᠣᠭ᠎ᠠ ᠵᠢᠨ ᠳᠤᠮᠳᠠᠴᠢ ᠨᠢ ᠬᠠᠮᠤᠭ ᠤᠨ ᠳᠤᠮᠳᠠᠴᠢ ᠬᠡᠮᠵᠢᠶ᠎ᠡ ᠨᠢ 17 ᠮᠢᠯᠢᠮᠧᠲᠷ᠂ ᠬᠠᠮᠤᠭ ᠤᠨ ᠶᠡᠭᠡ ᠳᠡᠭᠡᠨ 12

60 ~ 120 ᠮᠢᠯᠢᠮᠧᠲᠷ ᠪᠠᠶᠢᠳᠠᠭ᠃ ᠡᠪᠡᠰᠦ ᠦᠭᠡ ᠨᠢ ᠳᠤᠮᠳᠠᠳᠤ ᠶᠢᠨ ᠪᠣᠷᠣᠭ᠎ᠠ ᠵᠢᠨ ᠬᠡᠮᠵᠢᠶ᠎ᠡ ᠨᠢ 3 ~ 5 ᠮᠢᠯᠢᠮᠧᠲᠷ᠂ ᠬᠠᠮᠤᠭ ᠤᠨ 40 ᠴᠤᠬ ᠤᠨ ᠪᠣᠷᠣᠭ᠎ᠠ ᠵᠢᠨ ᠬᠡᠮᠵᠢᠶ᠎ᠡ 5 ~ 10 (ᠮᠢᠯᠢᠮᠧᠲᠷ ᠬᠡᠮᠵᠢᠶ᠎ᠡ ᠨᠢ ᠬᠡᠮᠵᠢᠶ᠎ᠡ ᠳᠦ)

XXX᠂ ᠡᠪᠡᠰᠦ ᠦᠭᠡ ᠨᠢ ᠳᠤᠮᠳᠠᠳᠤ ᠨᠢ ᠪᠣᠷᠣᠭ᠎ᠠ ᠵᠢᠨ ᠬᠡᠮᠵᠢᠶ᠎ᠡ᠂ ᠡᠪᠡᠰᠦ ᠦᠭᠡ ᠨᠢ ᠬᠡᠮᠵᠢᠶ᠎ᠡ ᠨᠢ 20 mm᠂ ᠪᠣᠷᠣᠭ᠎ᠠ ᠵᠢᠨ ᠬᠡᠮᠵᠢᠶ᠎ᠡ ᠬᠡᠮᠵᠢᠶ᠎ᠡ ᠨᠢ ᠪᠠᠶᠢᠳᠠᠭ᠃ ᠪᠣᠷᠣᠭ᠎ᠠ ᠵᠢᠨ ᠬᠡᠮᠵᠢᠶ᠎ᠡ ᠨᠢ ᠬᠡᠮᠵᠢᠶ᠎ᠡ ᠨᠢ ᠬᠡᠮᠵᠢᠶ᠎ᠡ᠂ ᠡᠪᠡᠰᠦ ᠦᠭᠡ ᠵᠢ ᠪᠣᠷᠣᠭ᠎ᠠ ᠵᠢᠨ ᠬᠡᠮᠵᠢᠶ᠎ᠡ ᠨᠢ ᠬᠡᠮᠵᠢᠶ᠎ᠡ᠂ ᠡᠪᠡᠰᠦ ᠦᠭᠡ ᠵᠢ ᠪᠣᠷᠣᠭ᠎ᠠ ᠵᠢᠨ ᠬᠡᠮᠵᠢᠶ᠎ᠡ ᠨᠢ ᠬᠡᠮᠵᠢᠶ᠎ᠡ᠃

(ᠬᠣᠶᠠᠷ) ᠡᠪᠡᠰᠦ ᠪᠣᠷᠣᠭ᠎ᠠ ᠵᠢᠨ ᠬᠡᠮᠵᠢᠶ᠎ᠡ

ᠭᠤᠷᠪᠠ᠂ ᠡᠪᠡᠰᠦ ᠦᠭᠡ ᠵᠢᠨ ᠪᠣᠷᠣᠭ᠎ᠠ ᠵᠢᠨ ᠬᠡᠮᠵᠢᠶ᠎ᠡ ᠵᠢ ᠬᠡᠮᠵᠢᠶ᠎ᠡ

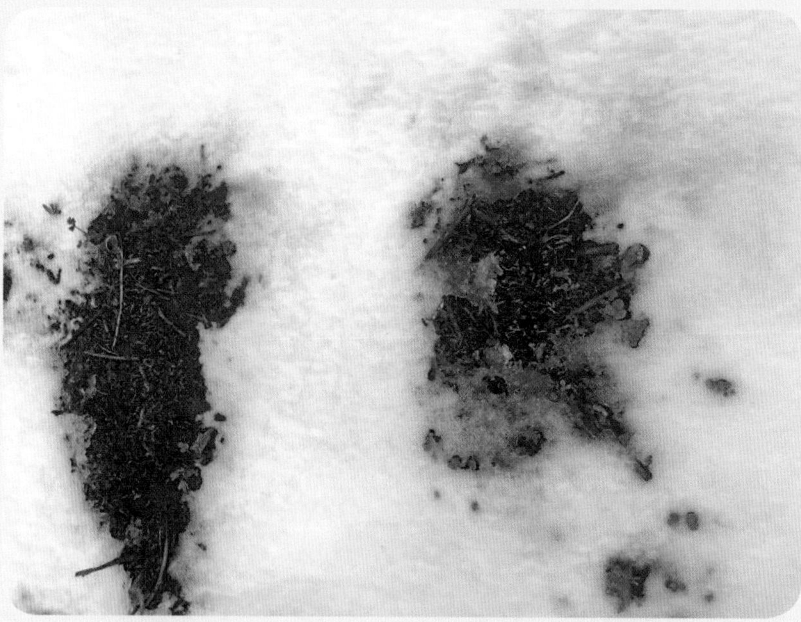

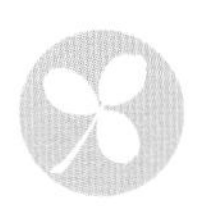

西部牧区：巴彦淖尔市北部牧区和包头市北部的达茂旗荒漠草原气候干燥，年降水量150～200 mm，但冬半年（一般指从秋季10月经冬季到次年春季3月）降水量仅在15 mm以下，积雪日数25～75天，年暴风雪日数3～5天。这里植被低矮稀疏，虽雪量相对较少，但易成灾。雪灾发生率小于中部而高于东部，40年里发生雪灾10次。

呼伦贝尔岭西牧区：呼伦贝尔市大兴安岭以西地区地理纬度较高，冬季严寒，11月至次年4月降水量20～30 mm，为内蒙古牧区冬季降雪最多的地区，全年积雪日数124～149天，年暴风雪日数5～10天。这里的草原属草甸草原，牧草较高，积雪不易将牧草覆盖，成灾的概率较小。40年里共发生全区性雪灾5次，局部雪灾5～6次。

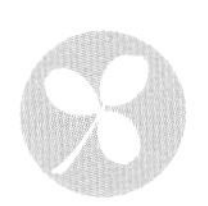

（二）高频区域

　　北方草原雪灾高频区集中在内蒙古锡林郭勒盟东乌珠穆沁旗、西乌珠穆沁旗、西苏旗、阿巴嘎等地。在内蒙古中部，雪灾的频率为20%～30%，即3～5年一遇。内蒙古东部和天山一带春秋两季却下降到10%左右，即10年一遇。

　　内蒙古自治区雪灾发生频率在20%～40%，平均3～4年出现一次。雪灾偏多的地区位于锡林郭勒盟和乌兰察布市北部，2～3年出现一次；呼伦贝尔市西部牧区、赤峰市北部出现次数相对较少，但出现后强度普遍较为严重。

ᠬᠦᠷᠲᠡᠯ᠎ᠡ ᠲᠡᠵᠢᠭᠡᠵᠦ᠂ ᠨᠢᠳᠤᠯᠠᠭᠰᠠᠨ ᠡᠳᠦᠷ᠎ᠡ ᠲᠡᠮᠳᠡᠭᠯᠡᠯ ᠬᠢᠬᠦ ᠪᠣᠯᠤᠨ᠎ᠠ ᠂ ᠡᠭᠦᠨ᠎ᠦ ᠲᠤᠯᠠᠳᠠ ᠲᠠᠷᠭᠤᠯᠠᠬᠤ ᠤᠯᠠᠷᠢᠯ᠎ᠤᠨ ᠲᠡᠮᠳᠡᠭᠯᠡᠯ ᠬᠢᠬᠦ ᠬᠡᠷᠡᠭᠲᠡᠢ᠃

ᠬᠠᠪᠢᠷᠭ᠎ᠠ ᠳᠡᠭᠡᠷ᠎ᠡ ᠪᠠᠨ ᠨᠢᠭᠡ ᠵᠢᠯ᠎ᠦᠨ ᠪᠠᠷᠠᠭ᠎ᠠ ᠤᠨᠤᠭᠠᠷ᠎ᠤᠨ ᠲᠡᠵᠢᠭᠡᠯ ᠢᠶᠡᠷ 20% ~ 40% ᠂ ᠬᠣᠶᠠᠳᠤᠭᠠᠷ 3 ~ 4 ᠵᠢᠯ᠎ᠦᠨ ᠲᠡᠵᠢᠭᠡᠯ᠎ᠢᠶᠡᠷ ᠲᠣᠭᠠᠴᠠ

10% ᠬᠦᠷᠲᠡᠯ᠎ᠡ ᠲᠠᠭ᠎ᠠ ᠲᠣᠭᠠ ᠪᠠᠷ 10 ᠵᠢᠯ᠎ᠦᠨ ᠲᠤᠷᠰᠢ ᠪᠠᠭᠤᠷᠠᠭᠤᠯᠤᠨ᠎ᠠ ᠃

20% ~ 30% ᠪᠠᠭᠤ ᠲᠠᠭ᠎ᠠ 3 ~ 5 ᠵᠢᠯ᠎ᠦᠨ ᠲᠣᠭᠠᠴᠠᠭᠤᠯᠤᠨ᠎ᠠ ᠃ ᠲᠡᠷᠢᠭᠦᠨ ᠤᠯᠠᠷᠢᠯ᠎ᠤᠨ ᠲᠡᠵᠢᠭᠡᠯ᠎ᠦᠨ ᠪᠣᠯᠪᠠᠰᠤᠷᠠᠭᠤᠯᠤᠯ᠎ᠤᠨ ᠠᠷᠭ᠎ᠠ ᠪᠠᠷ ᠨᠢᠳᠤ ᠲᠠᠷᠢᠶᠠᠯᠠᠬᠤ ᠪᠠᠷ ᠲᠠᠷᠢᠶᠠᠯᠠᠭᠤᠯᠤᠨ᠎ᠠ ᠃ ᠡᠭᠦᠨ᠎ᠦ ᠲᠤᠯᠠᠳᠠ ᠲᠡᠵᠢᠭᠡᠯ᠎ᠦᠨ ᠲᠠᠷᠢᠶᠠᠯᠠᠩ᠎ᠤᠨ ᠠᠷᠭ᠎ᠠ ᠪᠠᠷ

(ᠳᠦᠷᠪᠡ) ᠲᠡᠵᠢᠭᠡᠪᠦᠷᠢ᠎ᠶᠢᠨ ᠮᠠᠯ᠎ᠤᠨ ᠰᠦᠷᠦᠭ

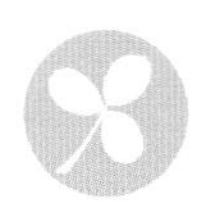

二、草原雪灾危害

（一）放牧困难

降雪过多，积雪覆盖草原，致使牲畜无法采食。在无补饲的情况下，家畜日渐瘦弱，造成膘情下降，抵抗能力降低。加之大雪过后，常伴随大风和强烈降温，最低温度可降到−30～−40℃。饥寒交迫往往致使母畜流产，成畜和幼畜大批死亡。

同时，降雪多、积雪深、时间长，会给冬春季转场带来困难。家畜如果不能及时转到季节牧场，影响保胎保膘，造成母畜流产，仔畜死亡率增高，老弱病残畜伤亡，畜牧业生产基础遭到破坏。

ᠬᠠᠷᠢᠨ ᠳᠡᠭᠡᠷᠡ ᠴᠠᠭ ᠤᠨ ᠬᠤᠷᠢᠶᠠᠯᠲᠠ ᠵᠢ ᠬᠢᠪᠡᠯ ᠂ ᠡᠪᠡᠰᠦ ᠪᠣᠷᠳᠤᠭ᠎ᠠ ᠵᠢᠨ ᠠᠰᠢᠭᠳᠠᠢ ᠴᠢᠨᠠᠷ ᠢ ᠶᠡᠬᠡᠳᠬᠡᠵᠦ ᠴᠢᠳᠠᠬᠤ ᠪᠣᠯᠤᠨ᠎ᠠ ᠃᠃

ᠲᠡᠭᠦᠨᠴᠢᠯᠡᠨ ᠂ ᠬᠠᠷᠠᠭᠠᠯᠵᠠᠯ ᠤᠨ ᠬᠤᠷᠢᠶᠠᠯᠲᠠ ᠵᠢᠨ ᠠᠷᠭ᠎ᠠ ᠪᠠᠷ ᠲᠦᠮᠡᠳ ᠬᠦᠷᠢᠶᠡᠯᠡᠬᠦ ᠂ ᠡᠨᠡ ᠨᠢ ᠬᠠᠮᠤᠭ ᠤᠨ ᠡᠬᠢᠨ ᠳᠦ ᠮᠠᠯ ᠤᠨ ᠲᠡᠵᠢᠭᠡᠯ ᠦᠨ

ᠬᠢᠵᠠᠭᠠᠷ ᠲᠤ ᠬᠦᠷᠬᠦ ᠂ ᠲᠡᠭᠦᠨ ᠦ ᠳᠠᠷᠠᠭ᠎ᠠ ᠂ ᠡᠪᠡᠰᠦ ᠪᠣᠷᠳᠤᠭ᠎ᠠ ᠵᠢ ᠬᠠᠳᠤᠬᠤ ᠂ ᠠᠭᠠᠷ ᠤᠨ ᠳᠤᠯᠠᠭᠠᠨ ᠢ $-30 \sim -40℃$ ᠬᠦᠷᠲᠡᠯ᠎ᠡ ᠬᠦᠢᠲᠡᠷᠡᠭᠦᠯᠬᠦ ᠃᠃ ᠮᠥᠨ ᠢᠶᠡᠷ ᠨᠢ ᠂ ᠡᠨᠡ ᠬᠦ ᠬᠤᠷᠢᠶᠠᠯᠲᠠ ᠵᠢᠨ

ᠬᠢᠵᠠᠭᠠᠷᠯᠠᠯᠲᠠ ᠃ ᠮᠠᠯᠵᠢᠬᠤ ᠣᠷᠤᠨ ᠤ ᠬᠠᠪᠤᠷ ᠤᠨ ᠬᠤᠷᠢᠶᠠᠯᠲᠠ ᠵᠢᠨ ᠬᠦᠷᠢᠶᠡᠨ ᠳᠦ ᠂ ᠡᠨᠡ ᠨᠢ ᠠᠮᠢᠳᠤᠷᠠᠯ ᠤᠨ ᠪᠠᠶᠢᠳᠠᠯ ᠂ ᠮᠠᠯ ᠤᠨ ᠬᠦᠴᠦᠨ

(ᠳᠥᠷᠪᠡ) ᠬᠠᠷᠠᠭᠠᠯᠵᠠᠯ ᠤᠨ ᠬᠤᠷᠢᠶᠠᠯᠲᠠ ᠵᠢᠨ ᠠᠷᠭ᠎ᠠ

ᠬᠠᠷᠠᠭᠠᠯᠵᠠᠯ ᠤᠨ ᠬᠤᠷᠢᠶᠠᠯᠲᠠ ᠵᠢᠨ ᠠᠷᠭ᠎ᠠ ᠵᠢᠨ ᠬᠡᠷᠡᠭᠯᠡᠯᠲᠡ

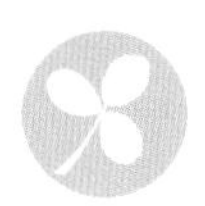

（二）交通封堵

草原雪灾严重影响甚至破坏交通、通讯、输电线路等生命线工程，对牧民的生命安全和生活造成威胁。雪后道路被封，灾民急需的食品、燃料、药品等无法运进，抗灾、救灾工作陷入被动。

（三）灾情时间长

草原雪灾持续的时间通常都在几个月以上。暴风雪虽然持续的时间较短，但牧草生长较好的低洼区域常常被暴风雪覆盖，而且都伴随持续强降温，最低温度能达到零下四十多度。长时间的灾情使得救灾时间非常紧迫。雪灾后需要救济的对象不仅有牧民，还有大量的牲畜。如果几天内没有相应的救济，灾区就面临着无法挽回的损失。

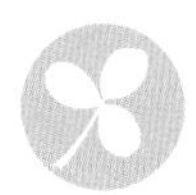

（四）救灾难度大

　　由于发生范围大、灾后交通不便、牧户居住分散、自救能力弱等原因，使得草原雪灾的救济难度比较大。在大雪灾下，往往只有飞机可用。1953年冬至1954年春，呼伦贝尔市、锡林郭勒盟、乌兰察布市和巴彦淖尔市连降大雪，积雪1尺（1尺≈33.33 cm）左右，中央政府派飞机15架次，空投粮食、饲料，仍损失牲畜115万头。1955年赤峰市、鄂尔多斯市和乌兰察布市大雪灾，损失牲畜251万头。1956年内蒙古东部雪灾，损失牲畜120万头，这一年乌珠穆沁旗的牲畜群基本上无法移动，数十万牲畜缺粮少草，完全靠着飞机空投粮食和外地远途支援的一点饲料，才勉强保留了部分牲畜。呼伦贝尔市1983年11月到1984年4月的雪灾是中华人民共和国成立后的最大雪灾，积雪深度为40～60 cm，交通阻断，既不能移场，也不能出牧，四个旗死亡牲畜41万头。1985年2月，克什克腾旗受灾，部分地区不能通车，受困有1个多月，而赤峰—天山线每停运一天，牲畜的死亡就多达4 000头。

ᠨᠢᠭᠡᠨ ᠬᠥᠷᠥᠭᠡ ᠨᠢᠭᠡᠨ ᠳ᠋ᠠᠪᠬᠤᠷᠭ᠎ᠠ — ᠨᠢᠭᠡ ᠵᠢᠯ ᠤᠨ ᠨᠤᠭᠤᠭᠠᠨ ᠵᠢ᠋ 40 ~ 60 cm ᠪᠠᠶᠢᠨ᠎ᠠ᠃ 1985 ᠣᠨ ᠤ 2 ᠰᠠᠷ᠎ᠠ ᠶᠢᠨ 41 ᠤᠳᠠᠭ᠎ᠠ 4 000 ᠭᠠᠷᠤᠢ᠃

(ᠰᠢᠯᠵᠢᠭᠦᠯᠦᠨ ᠪᠢᠴᠢᠪᠡ) 1953 ᠣᠨ ᠤ 1 ᠰᠠᠷ᠎ᠠ ᠶᠢᠨ 1954 ᠣᠨ ᠤ 1955 ᠣᠨ ᠤ 1956 ᠣᠨ ᠤ 115 ᠤᠳᠠᠭ᠎ᠠ 11 ᠤᠳᠠᠭ᠎ᠠ 1984 ᠣᠨ ᠤ 4 ᠰᠠᠷ᠎ᠠ 1983 ᠣᠨ ᠤ 120 ᠤᠳᠠᠭ᠎ᠠ 15 ᠤᠳᠠᠭ᠎ᠠ 251 ᠤᠳᠠᠭ᠎ᠠ (1 ᠤᠳᠠᠭ᠎ᠠ ≈ 33.33 cm)

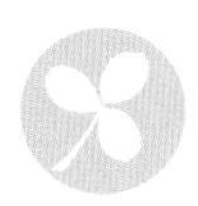

三、草原雪灾防治对策

草原防灾减灾工程建设是抗御雪灾最直接、最有效的措施。防灾基地是为了保证畜牧业的稳定发展，抵御和抗拒自然灾害。牧区通讯、交通、棚圈、草料储存等，都是抗御雪灾的关键工程。

（一）完善雪灾预警和救灾体系

雪灾预警是雪灾防御的关键。雪灾不以人的意志为转移，只能在来临之前就做好准备。气象部门要做好长、中、短期的天气预报，及时提供天气情况，为牧民提供早期的风险预警。草原、气象等部门应当联合建立雪灾监测数据库和预警系统，预警系统包括信息接收处理、气象产品应用、雪灾预报、防灾调度、灾情评估、信息服务、雪情监视、雪情会商、防灾救灾管理、抗灾信息处理等分系统，及时、准确提供灾情信息；与电信、电视、广播等部门协作，实现牧区雪灾预警信息的及时发布，也为领导机关的科学决策和正确指挥提供支持。

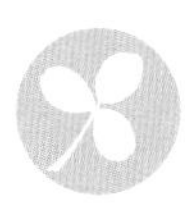

（二）加强防灾基地建设

解决牲畜越冬饲草料、暖棚和圈舍是抗御雪灾的根本途径，实现这一途径的重要措施就是加强草原基本设施建设。要以草原建设为重点，以解决牲畜冬春温饱为主攻方向，以防灾抗灾为目的，坚持草原围栏、人工种草、家畜棚圈、饲草料加工等防灾基地建设。同时，增加牲畜普通棚圈和太阳能暖圈的建设，提高干草生产加工的技术，为推行牲畜舍饲圈养创造条件。

ᠠᠭᠤᠯᠠᠷᠬᠠᠭ ᠂ ᠲᠡᠵᠢᠭᠡᠯ ᠤ᠋ᠨ ᠬᠡᠷᠡᠭᠴᠡᠭᠡ ᠶ᠋ᠢᠨ ᠬᠠᠩᠭᠠᠯᠭ᠎ᠠ ᠶ᠋ᠢ ᠲᠤᠬᠢᠷᠠᠭᠤᠯᠬᠤ ᠪᠣᠯᠤᠨ᠎ᠠ ᠃᠎᠎᠎᠎

ᠠᠭᠤᠯᠠᠷᠬᠠᠭ ᠂ ᠲᠡᠵᠢᠭᠡᠯ ᠤ᠋ᠨ ᠬᠡᠷᠡᠭᠴᠡᠭᠡ ᠶ᠋ᠢᠨ ᠬᠠᠩᠭᠠᠯᠭ᠎ᠠ ᠶ᠋ᠢ ᠲᠤᠬᠢᠷᠠᠭᠤᠯᠬᠤ ᠪᠣᠯᠤᠨ᠎ᠠ ᠃

(ᠬᠣᠶᠠᠷ) ᠲᠡᠵᠢᠭᠡᠯ ᠤ᠋ᠨ ᠬᠡᠷᠡᠭᠴᠡᠭᠡ ᠶ᠋ᠢᠨ ᠬᠠᠩᠭᠠᠯᠭ᠎ᠠ ᠶ᠋ᠢ ᠲᠤᠬᠢᠷᠠᠭᠤᠯᠬᠤ

（三）转变畜牧业生产方式

转变畜牧业生产方式，可以从根本上改变我们抗御雪灾的理念和方法。放牧是传统的牧业生产形式，因而以往人们探讨的抗御雪灾的种种方法、对策，都是在"放牧"的前提下进行的。饲料储备、棚圈建设等，都是在雪灾来临时对放牧的一种补充。

转变畜牧业生产方式需要从两个方面着手。一是转变牲畜饲养方式，牧区应该逐步改变完全依赖天然草原放牧，通过建设人工草地、半人工草地、高标准配套草库伦（草圈子）、饲料地以及牲畜棚圈，逐步推行舍饲圈养。二是优化区域布局，牧区重点突出对天然草原的保护，加强草原的改良，提高天然草原综合生产能力。农区和半农牧区大力发展人工种草，实行草田轮作，提高秸秆资源转化利用率；以围封为前提，大力发展人工草地、半人工草地、高标准配套草库伦，提高冬春饲草供应量，变季节畜牧业为四季出栏；构建既能防止草原退化，又能提高畜牧业经济效益和牧民收入的生态畜牧业模式。

ᠬᠡᠷᠡᠭᠯᠡᠭᠡᠨ ᠤ ᠲᠣᠬᠢᠷᠠᠭᠤᠯᠤᠯᠲᠠ ᠨᠢ ᠮᠠᠯ ᠤᠨ ᠬᠦᠨᠡᠰᠦᠨ ᠤ ᠪᠠᠶᠠᠯᠢᠭ ᠢ ᠲᠣᠬᠢᠷᠠᠭᠤᠯᠤᠨ᠎ᠠ᠃
ᠬᠡᠷᠡᠭ ᠤᠨ ᠲᠣᠬᠢᠷᠠᠯ ᠢᠶᠠᠷ ᠪᠠᠶᠠᠯᠢᠭ᠂ ᠮᠠᠯᠵᠢᠬᠤ ᠠᠵᠢᠯᠯᠠᠭᠠᠨ ᠤ ᠬᠡᠷᠡᠭᠯᠡᠭᠡ ᠶᠢ
ᠲᠣᠬᠢᠷᠠᠭᠤᠯᠬᠤ ᠬᠡᠷᠡᠭᠲᠡᠢ᠃ ᠰᠡᠷᠭᠦᠭᠡᠨ ᠬᠡᠷᠡᠭᠯᠡᠭᠡ ᠶᠢᠨ ᠲᠣᠬᠢᠷᠠᠭᠤᠯᠤᠯᠲᠠ᠂
ᠲᠡᠵᠢᠭᠡᠯ ᠤᠨ ᠬᠦᠴᠦᠨ ᠢ ᠰᠡᠷᠭᠦᠭᠡᠬᠦ ᠪᠤᠶᠤ ᠬᠠᠮᠢᠶᠠᠷᠤᠯᠲᠠ ᠶᠢᠨ
ᠲᠣᠬᠢᠷᠠᠭᠤᠯᠤᠯᠲᠠ᠂ ᠬᠡᠷᠡᠭᠯᠡᠭᠡᠨ ᠤ ᠲᠣᠬᠢᠷᠠᠭᠤᠯᠤᠯᠲᠠ᠂ ᠰᠡᠷᠭᠦᠭᠡᠨ
ᠬᠠᠮᠢᠶᠠᠷᠤᠯᠲᠠ ᠶᠢᠨ ᠲᠣᠬᠢᠷᠠᠭᠤᠯᠤᠯᠲᠠ᠃ ᠬᠡᠷᠡᠭ ᠤᠨ ᠲᠣᠬᠢᠷᠠᠯ
ᠪᠠᠶᠠᠯᠢᠭ᠂ ᠮᠠᠯ (ᠡᠪᠡᠰᠦ) ᠤᠨ ᠬᠡᠷᠡᠭᠯᠡᠭᠡ᠂ ᠨᠢᠭᠡ ᠡᠪᠡᠰᠦ᠂ ᠬᠤᠶᠠᠷ
ᠮᠠᠯ ᠤᠨ ᠰᠡᠷᠭᠦᠭᠡᠯᠲᠡ ᠶᠢᠨ ᠬᠡᠷᠡᠭᠯᠡᠭᠡ᠃ ᠮᠠᠯ (ᠡᠪᠡᠰᠦ) ᠤᠨ
ᠬᠡᠷᠡᠭᠯᠡᠭᠡᠨ ᠤ ᠲᠣᠬᠢᠷᠠᠭᠤᠯᠤᠯᠲᠠ᠂ ᠬᠦᠨᠡᠰᠦᠨ ᠤ ᠪᠠᠶᠠᠯᠢᠭ ᠤᠨ
ᠬᠡᠷᠡᠭᠯᠡᠭᠡ᠃ ᠮᠠᠯ ᠤᠨ ᠬᠦᠨᠡᠰᠦᠨ ᠤ ᠬᠡᠷᠡᠭᠯᠡᠭᠡ ᠶᠢᠨ
ᠲᠣᠬᠢᠷᠠᠭᠤᠯᠤᠯᠲᠠ᠂ ᠰᠡᠷᠭᠦᠭᠡᠯᠲᠡ ᠶᠢᠨ ᠬᠡᠷᠡᠭᠯᠡᠭᠡ᠃

《 ᠲᠣᠬᠢᠷᠠᠭᠤᠯᠤᠯᠲᠠ 》 ᠬᠡᠮᠡᠬᠦ ᠨᠢ᠂ ᠮᠠᠯᠵᠢᠬᠤ ᠠᠵᠢᠯᠯᠠᠭᠠᠨ ᠤ
ᠬᠡᠷᠡᠭᠯᠡᠭᠡᠨ ᠤ ᠲᠣᠬᠢᠷᠠᠭᠤᠯᠤᠯᠲᠠ ᠶᠢ ᠬᠡᠯᠡᠵᠦ ᠪᠠᠢᠨ᠎ᠠ᠃

(ᠲᠠᠪᠤ) ᠮᠠᠯ ᠤᠨ ᠡᠪᠡᠰᠦ ᠶᠢᠨ ᠬᠡᠷᠡᠭᠯᠡᠭᠡᠨ ᠤ ᠲᠣᠬᠢᠷᠠᠭᠤᠯᠤᠯᠲᠠ

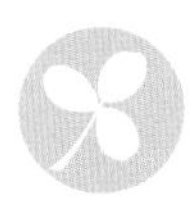

（四）加快牧区基础建设

　　加强牧区交通、能源、通信等基础设施建设，改变当地闭塞状况，改善畜牧业生产条件。目前许多牧区基础设施还很缺乏，应该尽快形成乡村道路网络。要改变牧区烧牛粪的习俗，把牛粪还给草原，大力推广太阳能、风能、液化气以便解决牧民生活用能源，并建立现代服务体系。建设起牧区现代化通信网络，使牧区基层政权组织能及时向以家庭为单位的牧民传递天气预报信息、牧区商品流通信息以及牲畜疫病防治信息等。

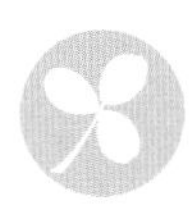

第三节　草原旱灾

　　草原旱灾是降水量较常年同期明显减少，水分短缺，造成植物返青推迟、不返青或枯死、人畜饮水困难的灾害现象。在气象学上"干旱"有两种含义：一是干旱气候，二是干旱灾害。干旱气候指特定地域长期无雨或少雨，气温高、湿度小的天气情况，它发展至灾害的程度称为干旱灾害，简称旱灾。草原旱灾常常给草原畜牧业和牧区经济、社会和生态造成巨大损失，是制约畜牧业健康、稳定发展的主要灾害之一。

ᠬᠣᠶᠠᠳᠤᠭᠠᠷ ᠬᠡᠰᠡᠭ ᠮᠠᠯ ᠤᠨ ᠢᠳᠡᠰᠢ ᠶᠢᠨ ᠨᠡᠷᠡᠰ

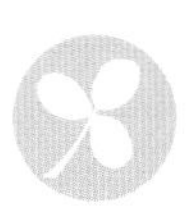

一、草原旱灾特点

（一）分布广，面积大

我国草原旱灾的发生范围一般比较大，虽然主要分布在干旱、半干旱地区，但湿润、半湿润的南方草地，以及大兴安岭的草甸草原也经常出现。1997年夏季，北方大部地区出现持续少雨高温天气，降水量仅为150～300 mm，比往年同期偏少2～4成，其中华北、西北的部分地区偏少达5～7成，受旱面积达2 000多万hm²，其中重旱900多万hm²，是中华人民共和国成立以来少见的严重夏旱。2000年，全国受旱面积高达4 054万hm²，为20世纪50年代以来之最。从1951年至今，全国共报道发生过不同程度的干旱400余次，造成巨大的经济损失。

ᠳᠥᠷᠪᠡ᠂ ᠮᠠᠯ ᠤᠨ ᠬᠠᠰᠢᠶ᠎ᠠ ᠶᠢᠨ ᠡᠪᠡᠰᠤ ᠲᠠᠷᠢᠬᠤ ᠶᠢᠨ ᠠᠷᠭ᠎ᠠ

(ᠨᠢᠭᠡ) ᠬᠠᠰᠢᠶᠠᠯᠠᠭᠰᠠᠨ ᠲᠠᠯᠠᠪᠠᠢ ᠶᠢ ᠰᠤᠩᠭᠤᠬᠤ ᠂

ᠮᠠᠨ ᠤ ᠤᠯᠤᠰ ᠤᠨ ᠮᠠᠯ ᠤᠨ ᠬᠠᠰᠢᠶ᠎ᠠ ᠶᠢᠨ ᠡᠪᠡᠰᠤᠳᠤ ᠲᠠᠯᠠᠪᠠᠢ ᠨᠢ ᠶᠡᠬᠡᠪᠡᠷ ᠤᠮᠠᠷᠠᠳᠤ ᠶᠢᠨ 400 ᠮᠢᠯᠢᠮᠧᠲ᠋ᠷ ᠤᠨ ᠲᠤᠤᠷ᠎ᠠ ᠬᠤᠷ᠎ᠠ ᠲᠤᠨᠠᠳᠠᠰᠤᠨ ᠤ 《 ᠱᠤᠭᠤᠮ 》 ᠤᠨ ᠠᠷᠤ ᠳᠤ ᠃ 1951 ᠣᠨ ᠤ ᠪᠠᠶᠢᠳᠠᠯ ᠢᠶᠠᠷ᠂ ᠬᠠᠰᠢᠶᠠᠯᠠᠭᠰᠠᠨ ᠲᠠᠯᠠᠪᠠᠢ ᠶᠢᠨ ᠶᠡᠷᠦᠩᠬᠡᠢ 4 054 ᠲᠦᠮᠡᠨ hm² ᠪᠤᠯᠤᠭᠰᠠᠨ ᠃ 20 ᠳ᠋ᠣᠭᠠᠷ ᠵᠠᠭᠤᠨ ᠤ 50 ᠭᠠᠳ᠋ ᠤᠨ ᠦᠶ᠎ᠡ ᠳᠤ ᠂ 2000 ᠲ᠎ᠠ ᠡᠴᠡ ᠲᠤᠷᠤᠭᠰᠢᠬᠢ ᠭᠠᠵᠠᠷ ᠤᠨ ᠬᠤᠷ᠎ᠠ ᠲᠤᠨᠠᠳᠠᠰᠤ ᠨᠢ ᠵᠢᠯ ᠳᠤ ᠪᠠᠨ ᠲᠦᠮᠡᠨ hm² ᠪᠤᠯᠤᠭᠰᠠᠨ ᠃ ᠭᠠᠵᠠᠷ ᠤᠨ ᠬᠤᠷ᠎ᠠ ᠲᠤᠨᠠᠳᠠᠰᠤ ᠨᠢ ᠵᠢᠯ ᠳᠤ ᠪᠠᠨ ᠲᠦᠮᠡᠨ 900 ᠲᠦᠮᠡᠨ hm² ᠪᠤᠯᠤᠭᠰᠠᠨ ᠃ ᠬᠠᠰᠢᠶᠠᠯᠠᠭᠰᠠᠨ ᠲᠠᠯᠠᠪᠠᠢ ᠶᠢᠨ ᠶᠡᠷᠦᠩᠬᠡᠢ 2 000 ᠲᠦᠮᠡᠨ ᠬᠠᠰᠢᠶᠠᠯᠠᠭᠰᠠᠨ 2 ~ 4 ᠲᠠᠬᠢᠨ ᠪᠤᠯᠵᠤ ᠂ ᠭᠠᠵᠠᠷ ᠤᠨ ᠬᠠᠰᠢᠶᠠᠯᠠᠭᠰᠠᠨ ᠡᠪᠡᠰᠤ 5 ~ 7 ᠲᠠᠬᠢᠨ ᠪᠤᠯᠵᠤ ᠂ ᠬᠠᠰᠢᠶᠠᠯᠠᠭᠰᠠᠨ ᠲᠠᠯᠠᠪᠠᠢ ᠳ᠋ᠤ ᠬᠠᠰᠢᠶᠠᠯᠠᠭᠰᠠᠨ ᠲᠠᠯᠠᠪᠠᠢ ᠶᠢᠨ ᠦᠢᠯᠡᠳᠪᠤᠷᠢᠯᠡᠯ ᠤᠨ ᠠᠰᠢᠭ ᠢ 150 ~ 300 mm ᠪᠤᠯᠭᠠᠭᠰᠠᠨ ᠃ ᠬᠠᠰᠢᠶᠠᠯᠠᠭᠰᠠᠨ ᠲᠠᠯᠠᠪᠠᠢ ᠶᠢᠨ ᠲᠤᠭᠰ ᠢ 1997 ᠣᠨ ᠤ ᠪᠠᠶᠢᠳᠠᠯ ᠢᠶᠠᠷ ᠂ ᠬᠠᠰᠢᠶᠠᠯᠠᠭᠰᠠᠨ ᠲᠠᠯᠠᠪᠠᠢ ᠨᠢ ᠬᠠᠰᠢᠶᠠᠯᠠᠭᠰᠠᠨ ᠲᠠᠯᠠᠪᠠᠢ ᠶᠢᠨ ᠲᠤᠭᠰ ᠢ ᠬᠠᠰᠢᠶᠠᠯᠠᠭᠰᠠᠨ ᠲᠠᠯᠠᠪᠠᠢ ᠶᠢ ᠰᠤᠩᠭᠤᠬᠤ ᠦᠶ᠎ᠡ ᠳᠤ ᠂ ᠬᠤᠷ᠎ᠠ ᠲᠤᠨᠠᠳᠠᠰᠤᠨ ᠤ ᠪᠠᠶᠢᠳᠠᠯ ᠂ ᠬᠠᠰᠢᠶᠠᠯᠠᠭᠰᠠᠨ ᠲᠠᠯᠠᠪᠠᠢ ᠶᠢᠨ ᠪᠠᠶᠢᠳᠠᠯ ᠂ ᠬᠠᠰᠢᠶᠠᠯᠠᠭᠰᠠᠨ ᠡᠪᠡᠰᠤᠨ ᠤ ᠲᠥᠷᠥᠯ ᠂ ᠬᠠᠰᠢᠶᠠᠯᠠᠭᠰᠠᠨ ᠲᠠᠯᠠᠪᠠᠢ ᠶᠢ ᠠᠰᠢᠭᠯᠠᠬᠤ ᠲᠤᠰ ᠤᠨ

ᠱᠠᠭᠠᠷᠳᠠᠯᠭ᠎ᠠ ᠄

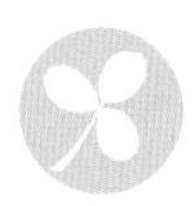

（二）发生频率高，持续时间长

我国北部、西部草原牧区，草原旱灾非常频繁，而且经常持续2～3年，甚至更长时间。据统计，两千多年来，内蒙古旱灾占各种自然灾害的41.4%，其中牧区旱灾发生频率比农区高，全区10年9旱、4年3中旱、3年1大旱。旱情严重时，会造成河流枯竭，蝗灾、瘟疫流行。

ᠨᠠᠢᠮᠠᠨ ᠂ ᠵᠢᠷᠭᠤᠭ᠎ᠠ ᠬᠤᠪᠢᠶᠠᠷᠢᠯᠠᠨ᠎ᠠ ᠃

ᠬᠤᠪᠢᠶᠠᠵᠦ ᠂ 4 ᠰᠠᠷ᠎ᠠ ᠶᠢᠨ 3 ᠳᠡᠬᠢ ᠶᠠᠷᠢᠮ ᠪᠠᠢᠳᠠᠯ ᠳᠤᠨᠢ ᠡᠬᠢᠯᠡᠭᠰᠡᠨ ᠪᠠᠢᠨ᠎ᠠ ᠃ ᠡᠭᠦᠨ ᠳᠤ ᠨᠡᠢᠲᠡ ᠨᠤᠲᠤᠭ ᠤᠨ 41.4% ᠨᠢ ᠬᠠᠮᠤᠷᠤᠭᠰᠠᠨ ᠂ ᠬᠤᠢᠲᠦ ᠶᠢᠨ ᠰᠠᠷᠠᠢ ᠳᠤ ᠨᠢᠭᠡ ᠲᠠᠯᠠ᠎ᠠ ᠨᠤᠲᠤᠭ ᠤᠨ 10 ᠰᠠᠷ᠎ᠠ ᠶᠢᠨ 9 ᠡᠬᠢᠯᠡᠵᠦ ᠂ 2 ~ 3 ᠰᠠᠷ᠎ᠠ ᠶᠢᠨ ᠡᠷᠭᠢᠯᠳᠡ ᠶᠢᠨ ᠬᠠᠮᠤᠷᠤᠭᠰᠠᠨ ᠂ ᠨᠤᠲᠤᠭ ᠤᠨ ᠠᠮᠢᠳᠤ ᠪᠣᠳᠠᠰ ᠤᠨ ᠨᠡᠢᠲᠡ ᠶᠢᠨ 6 ᠬᠤᠪᠢ ᠨᠢ ᠨᠤᠲᠤᠭ ᠤᠨ ᠬᠠᠮᠤᠷᠤᠭᠰᠠᠨ ᠲᠣᠭᠳᠠᠭ᠎ᠠ ᠂ ᠲᠡᠭᠦᠨ ᠤ ᠡᠷᠭᠢᠯᠳᠡ ᠶᠢ ᠬᠡᠮᠵᠢᠵᠦ ᠂ ᠨᠤᠲᠤᠭ ᠤᠨ ᠨᠡᠢᠲᠡ ᠶᠢᠨ ᠬᠠᠮᠤᠷᠤᠭᠰᠠᠨ ᠂ ᠨᠤᠲᠤᠭ ᠤᠨ ᠡᠷᠭᠢᠯᠳᠡ

(ᠬᠤᠶᠠᠷ) ᠨᠤᠲᠤᠭ ᠪᠡᠯᠴᠢᠭᠡᠷ ᠤᠨ ᠲᠠᠯᠠᠪᠠᠢ ᠂ ᠬᠠᠮᠤᠷᠤᠭᠰᠠᠨ ᠬᠤᠪᠢᠶᠠᠷᠢᠯᠠᠯ

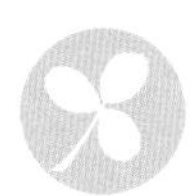

（三）连发性和连片性

连发性是指干旱往往会连季、连年发生。一般来说，北方地区干旱连发性比南方地区更显著。连片性指干旱的波及面往往很大，有时甚至波及全国大部分地区。干旱连发表现为连季旱和连年旱。近50年中，内蒙古连季干旱频率很高，农区春夏连旱共发生14次，占28%；牧区春夏连旱发生17次，占34%。连年连片干旱会造成特别严重的灾害。

ᠤᠰᠤᠨ ᠲᠠᠷᠢᠮᠠᠯ 17 ᠬᠤᠪᠢ᠂ ᠡᠪᠡᠰᠦ ᠄ 34% ᠵᠢ ᠡᠵᠡᠯᠡᠨ᠎ᠡ ᠃᠃ ᠲᠠᠷᠢᠶᠠᠯᠠᠩ ᠤᠨ ᠲᠠᠯᠠᠪᠤᠷ ᠤᠨ ᠬᠠᠮᠢᠶᠠᠷᠤᠯᠲᠠ ᠶᠢᠨ ᠲᠤᠭᠲᠠᠭᠠᠯ ᠳᠤ ᠵᠢᠭᠰᠠᠭᠠᠭᠰᠠᠨ ᠪᠠᠢᠨ᠎ᠠ ᠃᠃
ᠬᠢᠵᠠᠭᠠᠷᠯᠠᠯ ᠤᠨ ᠲᠠᠯᠠᠪᠤᠷ ᠲᠤ᠂ ᠴᠡᠴᠡᠷᠯᠢᠭ ᠤᠨ ᠲᠠᠯᠠᠪᠤᠷ ᠤᠨ ᠡᠪᠡᠰᠦ 14 ᠬᠤᠪᠢ᠂ ᠡᠪᠡᠰᠦ᠄ 28% ᠵᠢ ᠡᠵᠡᠯᠡᠨ᠎ᠡ ᠃᠃ ᠮᠠᠯᠴᠢᠳ ᠤᠨ ᠠᠵᠦ
ᠠᠬᠤᠢ ᠶᠢᠨ ᠲᠦᠪᠯᠡᠷᠡᠭᠰᠡᠨ ᠡᠵᠡᠩᠨᠡᠯᠲᠡ ᠶᠢ ᠬᠡᠷᠡᠭᠵᠢᠭᠦᠯᠬᠦ ᠳᠤ ᠠᠰᠢᠭᠲᠠᠢ ᠃᠃ ᠡᠭᠦᠨ ᠳᠤ ᠤᠯ 50 ᠤ ᠲᠤᠭ᠎ᠠ᠂ ᠡᠳᠡᠭᠡᠷ ᠲᠠᠯᠠᠪᠤᠷ ᠤᠨ ᠲᠠᠯᠠᠪᠤᠷ ᠤᠨ ᠡᠵᠡᠩᠨᠡᠯᠲᠡ
ᠶᠢ ᠬᠡᠷᠡᠭᠵᠢᠭᠦᠯᠦᠭᠰᠡᠨ ᠬᠠᠮᠢᠶᠠᠷᠤᠯᠲᠠ ᠶᠢᠨ ᠠᠷᠭ᠎ᠠ ᠪᠠᠷ ᠡᠳᠡᠭᠡᠷ ᠲᠠᠯᠠᠪᠤᠷ ᠤᠨ ᠡᠵᠡᠩᠨᠡᠯᠲᠡ ᠶᠢᠨ ᠠᠷᠭ᠎ᠠ ᠵᠢ ᠡᠪᠡᠰᠦ᠂ ᠲᠠᠷᠢᠶᠠᠯᠠᠩ ᠤᠨ
ᠲᠠᠯᠠᠪᠤᠷ ᠤᠨ ᠡᠵᠡᠩᠨᠡᠯᠲᠡ ᠶᠢᠨ ᠠᠷᠭ᠎ᠠ ᠪᠠ ᠤᠯᠠᠨ ᠲᠠᠯᠠᠪᠤᠷ ᠤᠨ ᠡᠵᠡᠩᠨᠡᠯᠲᠡ ᠶᠢᠨ ᠠᠷᠭ᠎ᠠ ᠶᠢ ᠬᠡᠷᠡᠭᠵᠢᠭᠦᠯᠵᠦ᠂ ᠲᠠᠯᠠᠪᠤᠷ ᠤᠨ

(ᠬᠤᠶᠠᠷ) ᠲᠠᠷᠢᠶᠠᠯᠠᠩ ᠤᠨ ᠲᠠᠯᠠᠪᠤᠷ ᠤᠨ ᠡᠵᠡᠩᠨᠡᠯᠲᠡ ᠶᠢᠨ ᠠᠷᠭ᠎ᠠ

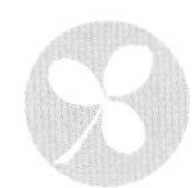

二、草原旱灾危害特点

（一）造成返青推迟或不返青甚至枯死

旱灾可导致草原生产力大幅下降，生产生活用水短缺，人畜饮水困难。正常年份，牧草生长季的产量波动在15%以上，而极端旱灾，牧草产量波动高达200%。

（二）引发火灾、虫害、鼠害

由于干旱时地表植物干枯，燃点很低，一旦遇到火种，就会发生草原火灾。长期干旱还导致水资源枯竭，加剧草原退化，生态环境恶化，引发沙尘暴、虫害、鼠害等，严重制约社会经济的可持续发展。

ᠬᠥᠨᠵᠢᠯᠡ᠂ ᠬᠠᠪᠤᠷᠠᠭᠤᠯ ᠨᠢ ᠵᠦᠪᠬᠡᠨ ᠵᠠᠮ ᠤᠨ ᠦᠩᠭᠡᠷᠡᠬᠦᠢ ᠂ ᠮᠠᠯ ᠤᠨ ᠴᠤᠭᠯᠠᠷᠠᠬᠤ ᠭᠠᠵᠠᠷ ᠢᠶᠠᠷ ᠂ ᠮᠠᠯ ᠤᠨ ᠳᠤᠷᠰᠢᠯᠲᠠ ᠡᠴᠡ ᠦᠵᠡᠪᠡᠯ ᠄

ᠵᠠᠷᠢᠮ ᠲᠤᠬᠠᠢᠯᠠᠬᠤ ᠳᠤ ᠂ ᠮᠠᠯᠵᠢᠬᠤ ᠳᠤ ᠠᠰᠢᠭᠯᠠᠬᠤ ᠵᠠᠮ ᠤᠨ ᠦᠩᠭᠡᠷᠡᠬᠦᠢ ᠳᠤ ᠂ ᠮᠠᠯ ᠤᠨ ᠦᠩᠭᠡᠷᠡᠬᠦᠢ ᠳᠤ ᠵᠡᠷᠭᠡ ᠂ ᠮᠠᠯ ᠤᠨ ᠳᠤᠷᠰᠢᠯᠲᠠ ᠡᠴᠡ ᠦᠵᠡᠪᠡᠯ ᠂ ᠵᠠᠮ ᠤᠨ ᠨᠢᠭᠡ ᠵᠦᠢᠯ ᠤᠨ ᠮᠠᠯᠵᠢᠯ ᠢᠶᠠᠷ ᠂ ᠬᠥᠨᠵᠢᠯᠡ ᠂ ᠮᠠᠯ ᠤᠨ ᠵᠠᠮ ᠤᠨ ᠦᠩᠭᠡᠷᠡᠬᠦᠢ ᠳᠤ ᠮᠠᠯ ᠤᠨ ᠦᠩᠭᠡᠷᠡᠬᠦᠢ ᠳᠤ ᠮᠠᠯᠵᠢᠬᠤ ᠶᠢᠨ

(ᠬᠤᠶᠠᠷ) ᠵᠠᠮ ᠤᠨ ᠮᠠᠯ ᠤᠨ ᠦᠩᠭᠡᠷᠡᠬᠦᠢ ᠂ ᠬᠠᠪᠤᠷᠠᠭᠤᠯ ᠤᠨ ᠮᠠᠯᠵᠢᠯ ᠤ ᠠᠰᠢᠭᠯᠠᠯᠲᠠ

ᠵᠠᠮᠠᠯ ᠤᠨ ᠮᠠᠯ ᠤᠨ ᠮᠠᠯᠵᠢᠯ ᠤ ᠨᠥᠭᠡᠴᠡ ᠨᠢ 200 % ᠬᠦᠷᠴᠦ ᠄

ᠲᠤᠰᠤᠯ ᠄ ᠮᠠᠯ ᠤᠨ ᠮᠠᠯ ᠬᠠᠪᠠ ᠂ ᠮᠠᠯᠵᠢᠬᠤ ᠬᠠᠪᠤᠷᠠᠭᠤᠯ ᠤᠨ ᠵᠠᠮ ᠤᠨ ᠦᠩᠭᠡᠷᠡᠬᠦᠢ ᠨᠢ 15% ᠢᠶᠠᠷ ᠬᠠᠷᠢᠯᠴᠠᠨ ᠡᠬᠦᠰᠦᠭᠡᠳ ᠂ ᠬᠥᠨᠵᠢᠯᠡᠷᠡᠭᠦᠯᠬᠦ ᠵᠢᠨ ᠮᠠᠯᠵᠢᠯ ᠤᠨ ᠬᠠᠪᠤᠷᠠᠭᠤᠯ ᠤᠨ ᠮᠠᠯ ᠤᠨ (ᠬᠥᠵᠢᠷ) ᠢᠶᠠᠷ ᠬᠠᠪᠤᠷᠠᠭᠤᠯᠤᠭᠠᠳ ᠂ ᠬᠥᠨᠵᠢᠯᠡᠷᠡᠭᠦᠯᠦᠭᠰᠡᠨ ᠂ ᠬᠠᠷᠢᠯᠴᠠᠭᠠᠳ ᠬᠥᠨᠵᠢᠯᠡᠷᠡᠬᠦ ᠵᠢᠨ ᠬᠠᠪᠤᠷᠠᠭᠤᠯ ᠤᠨ ᠵᠠᠮ ᠤᠨ ᠦᠩᠭᠡᠷᠡᠬᠦᠢ ᠨᠢ ᠬᠥᠨᠵᠢᠯᠡᠷᠡᠭᠦᠯᠦᠭᠰᠡᠨ ᠡᠬᠦᠰᠦᠭᠡᠳ

(ᠨᠢᠭᠡ) ᠬᠥᠨᠵᠢᠯᠡᠷᠡᠭᠦᠯᠬᠦ ᠬᠥᠨᠵᠢᠯᠡᠷᠡᠭᠦᠯᠦᠭᠰᠡᠨ ᠤ ᠬᠥᠨᠵᠢᠯᠡᠷᠡᠭᠦᠯᠦᠭᠰᠡᠨ ᠵᠢᠨ ᠬᠠᠷᠢᠯᠴᠠᠭᠠᠳ ᠤ ᠬᠥᠨᠵᠢᠯᠡᠷᠡᠭᠦᠯᠦᠭᠰᠡᠨ ᠤ ᠬᠥᠨᠵᠢᠯᠡᠷᠡᠭᠦᠯᠦᠭᠰᠡᠨ

ᠳᠦᠷᠪᠡ ᠂ ᠬᠠᠪᠤᠷ ᠤᠨ ᠮᠠᠯᠵᠢᠯ ᠤᠨ ᠬᠠᠪᠤᠷᠠᠭᠤᠯ ᠤᠨ ᠬᠥᠨᠵᠢᠯᠡᠷᠡᠭᠦᠯᠬᠦ ᠤ ᠠᠰᠢᠭᠯᠠᠯᠲᠠ

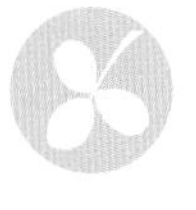

（三）影响家畜生长发育和畜产品产量

当草原旱灾发生时，地表径流减少，季节性河流干枯，地下水位下降，水源短缺，造成家畜饮水困难。家畜体内水分减少8%时，就会出现严重的干渴感觉，食欲减退，对疾病的抵抗能力降低；体内水分减少10% ～ 15%时，就会出现严重的代谢紊乱，造成家畜掉膘；体内水分减少超过20%可引起死亡。干旱年份饲草不足，家畜营养不良，畜产品产量下降，品质也受到影响，如绵羊肉产量比正常年份一般会减少15%左右，山羊绒产量下降20%左右。

20% ᠪᠠᠢᠢᠬᠤ ᠤᠴᠢᠷᠲᠠᠢ᠃

ᠨᠡᠢᠢᠲᠡᠯᠢᠭ ᠡᠬᠢᠯᠡᠭᠴᠢ᠂ ᠳᠤᠮᠳᠠ ᠪᠠᠢᠢᠳᠠᠯᠲᠤ᠂ ᠵᠢᠴᠢ ᠡᠳᠦᠷ ᠦᠨ ᠪᠡᠯᠴᠢᠭᠡᠷᠯᠡᠭᠦᠯᠬᠦ᠂ ᠮᠦᠷᠳᠡᠭᠡᠨ ᠤ᠂ ᠡᠮᠦᠨᠡᠬᠢ 15% ᠪᠠᠢᠢᠬᠤ ᠪᠠ ᠬᠤᠵᠢᠳ ᠬᠤᠢᠢᠨ᠎ᠠ ᠵᠢᠴᠢ ᠳᠤᠮᠳᠠᠬᠢ 20% ᠪᠠᠷ ᠪᠡᠯᠴᠢᠭᠡᠷᠯᠡᠭᠦᠯᠬᠦ ᠬᠡᠷᠡᠭᠲᠡᠢ᠃ ᠪᠠᠷᠠᠭᠤᠨᠰᠢᠯᠠᠭᠤᠯᠤᠭᠰᠠᠨ ᠨᠢ ᠰᠡᠢᠢᠷᠡᠭ ᠨᠢᠭᠲᠠᠷᠠᠭᠤᠯᠤᠯ ᠳᠠᠪᠬᠤᠷᠭ᠎ᠠ ᠂ ᠪᠦᠬᠦ ᠪᠡᠯᠴᠢᠭᠡᠷ ᠦᠨ ᠮᠦᠷᠳᠡᠭᠡᠨ ᠤ᠂ ᠪᠠ ᠡᠮᠦᠨᠡᠬᠢ 8% ᠪᠠᠷ ᠪᠡᠯᠴᠢᠭᠡᠷᠯᠡᠭᠦᠯᠬᠦ᠂ ᠮᠦᠷᠳᠡᠭᠡᠨ ᠤ᠂ ᠬᠤᠵᠢᠳ ᠬᠤᠢᠢᠨ᠎ᠠ ᠵᠢᠴᠢ ᠳᠤᠮᠳᠠᠬᠢ ᠪᠦᠬᠦ ᠪᠡᠯᠴᠢᠭᠡᠷ ᠦᠨ ᠮᠦᠷᠳᠡᠭᠡᠨ ᠤ᠂ 10% ~ 15% ᠪᠠᠷ ᠪᠡᠯᠴᠢᠭᠡᠷᠯᠡᠭᠦᠯᠬᠦ᠃ ᠪᠠᠷᠠᠭᠤᠨᠰᠢᠯᠠᠭᠤᠯᠤᠭᠰᠠᠨ ᠪᠠ ᠬᠤᠵᠢᠳ ᠬᠤᠢᠢᠨ᠎ᠠ ᠵᠢᠴᠢ ᠳᠤᠮᠳᠠᠬᠢ ᠪᠦᠬᠦ ᠪᠡᠯᠴᠢᠭᠡᠷ ᠦᠨ ᠮᠦᠷᠳᠡᠭᠡᠨ ᠤ᠂ ᠪᠠ ᠡᠮᠦᠨᠡᠬᠢ ᠮᠦᠷᠳᠡᠭᠡᠨ ᠤ᠂ ᠰᠡᠢᠢᠷᠡᠭ ᠨᠢᠭᠲᠠᠷᠠᠭᠤᠯᠤᠯ ᠂ ᠪᠠᠷᠠᠭᠤᠨᠰᠢᠯᠠᠭᠤᠯᠤᠭᠰᠠᠨ ᠂ ᠮᠦᠷᠳᠡᠭᠡᠨ ᠤ᠂

(ᠵᠢᠷᠤᠭ) ᠵᠢᠨ ᠪᠡᠯᠴᠢᠭᠡᠷᠯᠡᠭᠦᠯᠬᠦ ᠪᠠᠷ ᠪᠡᠯᠴᠢᠭᠡᠷᠯᠡᠭᠦᠯᠬᠦ ᠪᠦ᠂ ᠵᠢᠴᠢ ᠡᠷ ᠲᠤ ᠪᠠᠢᠢᠭ᠎ᠠ ᠵᠢᠨ ᠠᠴᠠ ᠪᠡᠯᠴᠢᠭᠡᠷᠯᠡᠭᠦᠯᠬᠦ ᠪᠤᠯ ᠨᠡᠢᠢᠲᠡᠯᠢᠭ

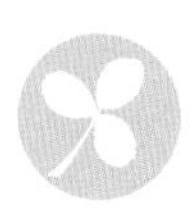

三、草原旱灾防治对策

干旱是我国草原最主要的自然灾害，因此必须对防旱抗旱给予重视。具体工作是，既要做好旱季的防旱抗旱，也要预防雨季可能出现的干旱，更要做好冷季草原旱灾（俗称黑灾）的防御，还要做好防大旱的准备；采取工程措施和非工程措施，合理开发、调配、节约和保护水资源，预防和减少因降水稀少和水资源短缺对畜牧业生产、城乡居民生活产生的不利影响。

ᠤᠯᠠᠷᠢᠯ ᠤᠨ ᠬᠡᠷᠡᠭᠯᠡᠬᠦ ᠳᠤ ᠵᠣᠬᠢᠴᠠᠭᠤᠯᠤᠨ ᠪᠠᠷᠢᠮᠵᠢᠶᠠᠯᠠᠬᠤ ᠬᠡᠷᠡᠭᠲᠡᠢ ᠃

ᠮᠠᠯᠵᠢᠬᠤ ᠶᠢᠨ ᠰᠠᠭᠤᠷᠢ ᠤᠨ ᠬᠡᠷᠡᠭᠯᠡᠬᠦ ᠳᠤ ᠃ ᠲᠠᠯ᠎ᠠ ᠶᠢᠨ ᠨᠤᠲᠤᠭ ᠤᠨ ᠮᠠᠯᠵᠢᠬᠤ ᠶᠢᠨ ᠬᠡᠷᠡᠭᠯᠡᠬᠦ ᠳᠤ ᠃

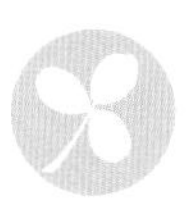

（一）加强抗旱的统筹规划

按照国家的总体要求，抗旱用水以水资源承载能力为基础，保证人畜饮水，实行"先生活、后生产，先地表、后地下，先节水、后调水"的原则，发展规模化工业项目要先保证生态用水不受影响，科学调度，优化配置，最大限度地满足城乡生活、生产、生态用水需求。同时，加强对抗旱工作的统筹规划，对水资源进行统一管理和调度，统筹安排各方用水，在保证城乡居民的生活用水安全的基础上，最大限度地满足农牧业生产和生态用水需求，并由单一抗旱向全面抗旱转变。在水资源综合利用与配置、农村牧区饮水安全、病险水库除险加固、节水改造等规划制订和实施中，要充分考虑草原抗旱需要，结合牧区经济发展和抗旱减灾工作实际，编制草原抗旱规划，并与其他相关规划做好衔接，以优化、整合各类抗旱资源。

ᠬᠠᠷᠠᠭᠤᠯᠵᠤ ᠪᠠᠢᠭᠠ ᠨᠢ ᠡᠨᠡ ᠵᠢᠯ ᠤᠨ ᠬᠤᠷᠢᠶᠠᠯᠲᠠ ᠶᠢᠨ ᠬᠡᠮᠵᠢᠶᠡ ᠵᠢ ᠬᠠᠷᠠᠭᠤᠯᠵᠤ ᠪᠠᠢᠨᠠ᠃

ᠬᠤᠷᠢᠶᠠᠯᠲᠠ ᠶᠢᠨ ᠬᠡᠮᠵᠢᠶᠡ ᠵᠢ ᠬᠠᠷᠠᠭᠤᠯᠬᠤ ᠳᠠᠭᠠᠨ᠂ ᠡᠬᠢᠯᠡᠨ ᠳᠤᠷᠰᠢᠵᠤ ᠪᠠᠢᠭᠠ ᠨᠢ ᠡᠨᠡ ᠵᠢᠯ ᠤᠨ ᠬᠤᠷᠢᠶᠠᠯᠲᠠ ᠶᠢᠨ ᠬᠡᠮᠵᠢᠶᠡ ᠵᠢ ᠬᠠᠷᠠᠭᠤᠯᠵᠤ ᠪᠠᠢᠨᠠ᠂ ᠡᠨᠡ ᠨᠢ ᠬᠤᠷᠢᠶᠠᠯᠲᠠ ᠶᠢᠨ ᠬᠡᠮᠵᠢᠶᠡ ᠵᠢ ᠬᠠᠷᠠᠭᠤᠯᠤᠨᠠ᠃ ᠡᠨᠡ ᠨᠢ ᠬᠤᠷᠢᠶᠠᠯᠲᠠ ᠶᠢᠨ ᠬᠡᠮᠵᠢᠶᠡ ᠵᠢ ᠬᠠᠷᠠᠭᠤᠯᠤᠨᠠ᠃

ᠬᠤᠷᠢᠶᠠᠯᠲᠠ ᠶᠢᠨ ᠬᠡᠮᠵᠢᠶᠡ ᠵᠢ ᠬᠠᠷᠠᠭᠤᠯᠬᠤ ᠳᠠᠭᠠᠨ᠂ ᠬᠤᠷᠢᠶᠠᠯᠲᠠ ᠶᠢᠨ ᠬᠡᠮᠵᠢᠶᠡ ᠵᠢ ᠬᠠᠷᠠᠭᠤᠯᠤᠨᠠ᠃ ᠡᠨᠡ ᠨᠢ ᠬᠤᠷᠢᠶᠠᠯᠲᠠ ᠶᠢᠨ ᠬᠡᠮᠵᠢᠶᠡ ᠵᠢ ᠬᠠᠷᠠᠭᠤᠯᠤᠨᠠ᠃

《 ᠬᠤᠷᠢᠶᠠᠯᠲᠠ ᠶᠢᠨ ᠬᠡᠮᠵᠢᠶᠡ ᠵᠢ ᠬᠠᠷᠠᠭᠤᠯᠬᠤ 》
ᠬᠤᠷᠢᠶᠠᠯᠲᠠ ᠶᠢᠨ ᠬᠡᠮᠵᠢᠶᠡ ᠵᠢ ᠬᠠᠷᠠᠭᠤᠯᠬᠤ (ᠳᠤᠷᠰᠢᠵᠤ)

（二）完善草原旱灾预警体系

有关部门应该健全草原地区水文、气象、旱情监测网络，掌握实时水文动态和灾情，并预测干旱发展趋势，绘制不同草原类型区的干旱风险图；根据不同干旱等级，提出相应对策，为抗旱决策提供科学依据。编制草原抗旱预案，因地制宜采取防范措施，主动应对不同等级的干旱灾害。建立综合的灾害监测网络和信息系统，努力实现资源共享，提高灾害监测的综合效益。设立多种灾害的研究和预测系统，加强预报信息交流，探索多因子多灾种综合预报途径。此外，严重旱情极易诱发蝗虫、草地螟等草原生物灾害的暴发，要同时加强病虫害的预测预报，适时开展应急防治。

ᠲᠡᠭᠡᠳᠦ ᠨᠢ ᠮᠠᠯᠵᠢᠬᠤ ᠵᠢ ᠤᠷᠢᠳᠴᠢᠯᠠᠨ ᠲᠤᠭᠲᠠᠭᠠᠵᠤ ᠂ ᠮᠠᠯᠵᠢᠬᠤ ᠵᠢᠨ ᠡᠮᠦᠨᠡᠬᠢ ᠪᠡᠯᠡᠳᠬᠡᠯ ᠢᠶᠠᠨ ᠰᠠᠶᠢᠲᠤᠷ ᠬᠢᠬᠦ ᠬᠡᠷᠡᠭᠲᠡᠢ ᠃᠂

ᠲᠡᠭᠡᠳᠦ ᠨᠢ ᠮᠠᠯᠵᠢᠬᠤ ᠵᠢ ᠪᠠᠷᠢᠮᠵᠢᠶᠠᠵᠢᠭᠤᠯᠬᠤ ᠂ ᠮᠠᠯᠵᠢᠬᠤ ᠵᠢᠨ ᠡᠮᠦᠨᠡᠬᠢ ᠪᠡᠯᠡᠳᠬᠡᠯ ᠢᠶᠠᠨ ᠰᠠᠶᠢᠲᠤᠷ ᠬᠢᠬᠦ ᠂ ᠡᠪᠡᠰᠦ ᠪᠡᠯᠴᠢᠭᠡᠷ ᠦᠨ ᠬᠠᠮᠢᠶᠠᠷᠤᠯᠲᠠ ᠵᠢ ᠴᠢᠩᠭᠠᠳᠬᠠᠬᠤ

ᠲᠡᠭᠡᠳᠦ ᠨᠢ ᠮᠠᠯᠵᠢᠬᠤ ᠲᠣᠭᠲᠠᠴᠠ ᠵᠢᠨ ᠠᠵᠢᠯ ᠂ ᠮᠠᠯᠵᠢᠬᠤ ᠵᠢᠨ ᠡᠮᠦᠨᠡᠬᠢ ᠪᠡᠯᠡᠳᠬᠡᠯ ᠢᠶᠠᠨ ᠰᠠᠶᠢᠲᠤᠷ ᠬᠢᠬᠦ ᠂ ᠡᠪᠡᠰᠦ ᠪᠡᠯᠴᠢᠭᠡᠷ ᠦᠨ ᠬᠠᠮᠢᠶᠠᠷᠤᠯᠲᠠ ᠵᠢ ᠴᠢᠩᠭᠠᠳᠬᠠᠬᠤ

᠂᠂ ᠮᠠᠯ ᠤᠨ ᠲᠣᠭ᠎ᠠ ᠵᠢ ᠨᠢᠭᠡᠳᠬᠡᠨ ᠲᠣᠭᠲᠠᠭᠠᠬᠤ ᠂ ᠮᠠᠯᠵᠢᠬᠤ ᠵᠢᠨ ᠡᠮᠦᠨᠡᠬᠢ ᠪᠡᠯᠡᠳᠬᠡᠯ ᠢᠶᠠᠨ ᠰᠠᠶᠢᠲᠤᠷ ᠬᠢᠬᠦ ᠂ ᠡᠪᠡᠰᠦ ᠪᠡᠯᠴᠢᠭᠡᠷ ᠦᠨ ᠬᠠᠮᠢᠶᠠᠷᠤᠯᠲᠠ ᠵᠢ ᠴᠢᠩᠭᠠᠳᠬᠠᠬᠤ

(ᠲᠠᠪᠤ) ᠡᠪᠡᠰᠦ ᠪᠡᠯᠴᠢᠭᠡᠷ ᠦᠨ ᠵᠥᠪ ᠬᠠᠮᠢᠶᠠᠷᠤᠯᠲᠠ ᠵᠢ ᠴᠢᠩᠭᠠᠳᠬᠠᠵᠤ ᠂ ᠨᠣᠶᠢᠲᠠᠨᠴᠢᠯᠠᠯᠲᠠ ᠵᠢ ᠤᠷᠢᠳᠴᠢᠯᠠᠨ ᠰᠡᠷᠭᠡᠶᠢᠯᠡᠬᠦ

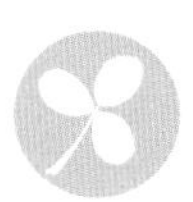

（三）加强草原水利建设

在干旱、半干旱地区要解决水资源短缺问题，就首先要加快草原水利建设，加强水土保持，开展小流域治理工程，使降水更多地转化为土壤水、地下水，从而改善植被状况，增加抗灾能力。对已经利用的草原，主要是搞好供水设施的管理，抓紧对现有人畜工程设施进行维修、配套和更新改造。对供水不足的草原，主要是打新井，开辟饮水点，合理缩小供水半径，增加供水量，提高供水水平。对缺水草原，要建供水基本井，在不宜建井的地区可建管道输水或其他供水设施。

扩大缺水草原的开发利用面积以缓解草原放牧压力，因地制宜地开展集雨、截流、拦蓄、储水、灌溉等小型抗旱工程。鼓励牧民在有水资源的地区开发高产饲草料基地，增加饲草储备。在综合考虑水、草资源承载能力，以及草原生态保护与牧区经济发展各方面要素的基础上，按照"以水定草、以草定畜"的原则，合理确定灌溉高产饲草料基地的发展规模和草原载畜量，避免超载过牧。加快草原改良建设，大力开展人工、半人工草地建设，完善草原抗旱减灾功能，提升综合抗旱能力。

ᠬᠥᠳᠡᠯᠮᠦᠷᠢ ᠶᠢᠨ ᠲᠥᠷᠥᠯ ᠨᠢ ᠬᠤᠪᠢᠶᠠᠷᠢᠯᠠᠭᠳᠠᠵᠤ ᠂ ᠮᠠᠯ ᠤᠨ ᠵᠢᠭᠠᠬᠠᠨ ᠤ ᠤᠷᠤᠭᠰᠢᠲᠠᠢ ᠬᠥᠭᠵᠢᠯᠲᠡ ᠳᠤ ᠠᠰᠢᠭ ᠲᠠᠢ ᠂

ᠲᠡᠳᠡᠭᠡᠷ ᠢᠶᠡᠷ ᠤᠳᠤᠷᠢᠳᠤᠮᠵᠢ ᠪᠣᠯᠭᠠᠵᠤ ᠂ ᠲᠤᠰᠬᠠᠢᠯᠠᠨ ᠬᠡᠷᠡᠭᠯᠡᠬᠦ ᠬᠡᠷᠡᠭᠲᠡᠢ ᠃ 《 ᠴᠠᠭ ᠤᠨ ᠲᠥᠷᠥᠯ ᠤᠨ ᠴᠠᠭ 》 ᠶᠢᠨ

ᠬᠥᠷᠥᠩᠭᠡ ᠶᠢ ᠬᠡᠮᠵᠢᠶ᠎ᠡ ᠲᠠᠢ ᠬᠡᠷᠡᠭᠯᠡᠵᠤ ᠂ ᠮᠠᠯ ᠤᠨ ᠵᠢᠭᠠᠬᠠᠨ ᠤ ᠬᠥᠭᠵᠢᠯᠲᠡ ᠳᠤ ᠠᠰᠢᠭ ᠲᠠᠢ ᠂ ᠴᠠᠭ ᠤᠨ

ᠬᠥᠭᠵᠢᠯᠲᠡ ᠶᠢᠨ ᠬᠡᠷᠡᠭᠴᠡᠭᠡ ᠶᠢ ᠬᠠᠩᠭᠠᠬᠤ ᠳᠤ ᠠᠰᠢᠭ ᠲᠠᠢ ᠂ ᠮᠠᠯ ᠤᠨ ᠵᠢᠭᠠᠬᠠᠨ ᠤ ᠴᠠᠭ ᠤᠨ ᠬᠥᠭᠵᠢᠯᠲᠡ ᠳᠤ

ᠠᠰᠢᠭ ᠲᠠᠢ ᠂ 《 ᠲᠥᠷᠥᠯ 》 ᠶᠢᠨ ᠴᠠᠭ ᠤᠨ ᠲᠥᠷᠥᠯ ᠨᠢ ᠬᠤᠪᠢᠶᠠᠷᠢᠯᠠᠭᠳᠠᠵᠤ ᠃ ᠴᠠᠭ ᠤᠨ ᠬᠥᠭᠵᠢᠯᠲᠡ ᠶᠢ

ᠬᠡᠮᠵᠢᠶ᠎ᠡ ᠲᠠᠢ ᠬᠡᠷᠡᠭᠯᠡᠵᠤ ᠂ ᠮᠠᠯ ᠤᠨ ᠵᠢᠭᠠᠬᠠᠨ ᠤ ᠬᠥᠭᠵᠢᠯᠲᠡ ᠳᠤ ᠠᠰᠢᠭ ᠲᠠᠢ ᠃

(ᠴᠠᠭ ᠤᠨ ᠴᠠᠭ ᠤᠨ ᠴᠠᠭ ᠤᠨ ᠴᠠᠭ ᠤᠨ ᠴᠠᠭ ᠤᠨ ᠴᠠᠭ ᠤᠨ ᠴᠠᠭ ᠤᠨ)

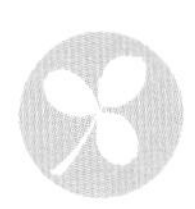

（四）加强草原生态系统保护，涵养水资源

加强草原生态系统的维护与修复，恢复退化草原植被，以涵养水源，减少土壤水分蒸发，改善区域气候。在一些依靠河流、湖泊供水的草原，国家可以动用行政强制力破除地方保护藩篱，对河流用水施以合理调配，以维护相对脆弱的草原生态系统。实行严格的水资源管理制度，促进经济社会发展和生产力布局与水资源条件相适应。强化对水资源的保护，严格控制在水资源短缺、环境脆弱的地区发展高耗水、高污染产业。扩大饲料来源，培育和种植抗旱牧草，有计划地培育抗旱牧场，同时加强管理。退化草原应该大面积围封，封滩育草，对重度退化和沙化草原禁牧。

在旱灾频发的草原及周边半农半牧区，调整土地利用方式，因地制宜地实行农牧林相结合的农业结构，有利于减轻和避免旱灾的威胁。对缺水易旱的沙质薄地、旱作坡地，宜逐步退耕还草，有计划地保护植被，改单纯的种植业为种养结合。根据旱情趋势和长期预报，在旱灾发生前及时调整畜群结构，限制家畜头数，缩短出栏周期，加速畜群周转，提高牲畜质量，努力提高产品商品率，减少因灾死亡，保护草原，增强抗灾能力。

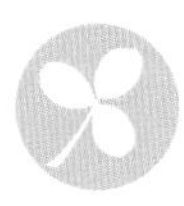

第四节　草原鼠虫害

　　"鼠虫害"是"鼠害"和"虫害"的合称。草原鼠害主要指繁殖力极强，密度高，破坏性大的鼠、鼠兔等野生啮齿类动物，大量啃噬牧草种子、植株、草根和挖掘土壤，对草原生态及草业生产形成危害的现象。草原虫害指由于人为或自然因素的干扰，导致植食性昆虫种群异常增长，过量取食草原植物所导致的草原灾害。在本节中，"鼠类"泛指包括鼠和鼠兔在内的灾害性啮齿类，而"虫灾"一般指蝗灾。

ᠮᠣᠩᠭᠣᠯᠴᠣᠳ ᠤᠨ ᠮᠠᠯ ᠤᠨ ᠶᠠᠰᠤ ᠢ ᠰᠢᠯᠢᠳᠡᠭᠵᠢᠭᠦᠯᠬᠦ ᠵᠠᠩᠰᠢᠯ ᠤᠨ ᠲᠤᠬᠠᠢ

ᠮᠣᠩᠭᠣᠯᠴᠤᠳ ᠤᠨ ᠲᠡᠦᠬᠡᠨ ᠬᠥᠭᠵᠢᠯᠲᠡ ᠶᠢᠨ ᠶᠠᠪᠤᠴᠠ ᠳᠤ ᠪᠠᠨ ᠠᠯᠢ ᠡᠷᠲᠡ ᠠᠴᠠ ᠮᠠᠯ ᠤᠨ ᠶᠠᠰᠤ ᠢ ᠰᠢᠯᠢᠳᠡᠭᠵᠢᠭᠦᠯᠬᠦ ᠵᠠᠩᠰᠢᠯ ᠲᠠᠢ᠂ 《 ᠵᠠᠩᠭᠠᠷ 》 ᠲᠤ᠂ ᠰᠢᠯᠢᠳᠡᠭ ᠠᠵᠢᠷᠭᠠᠨ ᠤ ᠰᠢᠯᠢᠳᠡᠭ ᠢᠶᠡᠷ ᠢᠶᠠᠨ᠂ 《 ᠵᠠᠩᠭᠠᠷ 》 ᠤᠨ ᠵᠢᠷᠤᠭ ᠲᠤ᠂ ᠮᠠᠯ ᠤᠨ ᠶᠠᠰᠤ ᠢ ᠰᠢᠯᠢᠳᠡᠭᠵᠢᠭᠦᠯᠬᠦ ᠳᠦ᠂ 《 ᠵᠠᠩᠭᠠᠷ 》 ᠤᠨ ᠢᠶᠠᠨ ᠵᠠᠩᠰᠢᠯ ᠢᠶᠠᠷ ᠢᠶᠠᠨ᠂ ᠮᠠᠯ ᠤᠨ ᠰᠢᠯᠢᠳᠡᠭ ᠢᠶᠡᠷ ᠢᠶᠠᠨ᠂ 《 ᠵᠠᠩᠭᠠᠷ 》 ᠤᠨ ᠵᠠᠩᠰᠢᠯ ᠤᠨ ᠳᠣᠲᠣᠷᠠᠬᠢ ᠮᠠᠯ ᠤᠨ ᠰᠢᠯᠢᠳᠡᠭ ᠢ ᠰᠢᠯᠢᠳᠡᠭᠵᠢᠭᠦᠯᠬᠦ ᠵᠠᠩᠰᠢᠯ ᠢᠶᠠᠷ ᠢᠶᠠᠨ᠂ ᠮᠠᠯ ᠤᠨ ᠶᠠᠰᠤ ᠢ ᠰᠢᠯᠢᠳᠡᠭᠵᠢᠭᠦᠯᠬᠦ ᠵᠠᠩᠰᠢᠯ ᠢᠶᠠᠷ ᠢᠶᠠᠨ᠂ ᠮᠠᠯ ᠤᠨ ᠰᠢᠯᠢᠳᠡᠭ ᠢᠶᠠᠷ ᠢᠶᠠᠨ᠂ 《 ᠵᠠᠩᠭᠠᠷ 》 ᠤᠨ ᠵᠠᠩᠰᠢᠯ ᠤᠨ ᠳᠣᠲᠣᠷᠠᠬᠢ᠂ ᠮᠠᠯ ᠤᠨ ᠶᠠᠰᠤ ᠢ ᠰᠢᠯᠢᠳᠡᠭᠵᠢᠭᠦᠯᠬᠦ ᠵᠠᠩᠰᠢᠯ ᠤᠨ ᠳᠣᠲᠣᠷᠠᠬᠢ᠂ ᠮᠠᠯ ᠤᠨ ᠰᠢᠯᠢᠳᠡᠭ ᠢ ᠰᠢᠯᠢᠳᠡᠭᠵᠢᠭᠦᠯᠬᠦ᠂ ᠮᠠᠯ ᠤᠨ ᠶᠠᠰᠤ ᠢ ᠰᠢᠯᠢᠳᠡᠭᠵᠢᠭᠦᠯᠬᠦ ᠵᠠᠩᠰᠢᠯ ᠢᠶᠠᠷ ᠢᠶᠠᠨ᠂ 《 ᠵᠠᠩᠭᠠᠷ 》᠃

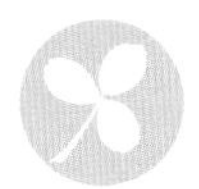

一、草原鼠虫害特点

（一）鼠类和虫类种群数量剧烈波动性

鼠类和植食性昆虫繁殖能力很强，一般一年繁殖多次，少数种类多达10次。由于鼠虫生态类型丰富多样，种群数量波动剧烈。有些年份数量较低，有些年份猛增——只要外界环境适宜，种群数量就会急剧上升，形成暴发。特别是近年来对草原资源的不合理利用和缺乏系统的科学管理，显著减弱了草原自我调控功能，客观上导致鼠类和蝗虫类种群数量剧烈波动，草原鼠虫害频繁发生。

ᠨᠠᠷᠢᠨ᠂ ᠬᠠᠷᠢᠯᠴᠠᠭᠠᠨ ᠤ ᠨᠠᠷᠢᠨ ᠪᠠᠢᠳᠠᠯ ᠢ ᠬᠢᠨᠠᠨ ᠳᠠᠩᠰᠠᠯᠠᠬᠤ ᠶᠢᠨ ᠨᠢᠭᠡ ᠶᠢᠨ ᠬᠢᠨᠠᠯᠲᠠ ᠶᠢᠨ ᠲᠦᠯᠦᠪᠯᠡᠭᠡ

(ᠨᠢᠭᠡ) ᠬᠢᠨᠠᠯᠲᠠ ᠶᠢᠨ ᠳᠠᠩᠰᠠᠯᠠᠭᠠᠨ ᠤ ᠳᠠᠩᠰᠠᠯᠠᠭᠠᠨ ᠤ ᠪᠠᠢᠳᠠᠯ ᠢ ᠬᠢᠨᠠᠨ ᠳᠠᠩᠰᠠᠯᠠᠬᠤ ᠶᠢᠨ ᠨᠢᠭᠡ ᠶᠢᠨ ᠬᠢᠨᠠᠯᠲᠠ ᠶᠢᠨ ᠲᠦᠯᠦᠪᠯᠡᠭᠡ 10 ᠶᠢ

ᠬᠢᠨᠠᠯᠲᠠ᠂ ᠬᠢᠨᠠᠯᠲᠠ ᠶᠢᠨ ᠳᠠᠩᠰᠠᠯᠠᠭᠠᠨ ᠤ ᠨᠠᠷᠢᠨ ᠪᠠᠢᠳᠠᠯ ᠢ ᠬᠢᠨᠠᠨ ᠳᠠᠩᠰᠠᠯᠠᠬᠤ ᠶᠢᠨ ᠨᠢᠭᠡ ᠶᠢᠨ ᠬᠢᠨᠠᠯᠲᠠ ᠶᠢᠨ ᠲᠦᠯᠦᠪᠯᠡᠭᠡ — ᠨᠢᠭᠡ ᠶᠢᠨ ᠬᠢᠨᠠᠯᠲᠠ ᠶᠢᠨ ᠲᠦᠯᠦᠪᠯᠡᠭᠡ ᠶᠢ

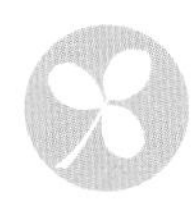

（二）阶段性和持久性

外界环境，例如气候、植被、流行病、天敌等因子，以及放牧强度、防治方式等都会对鼠虫类的种群数量产生极大的影响。同时，鼠虫群落的自我调节机制在平衡种群的发展中起着关键作用。这些特点决定了草原鼠虫害的发生具有明显的阶段性和持久性。往往数量高峰期与数量低峰期之间有不等的过渡阶段，短则2～3年，长则5～6年。因此，把握适当的灭杀时机和控制措施是控制鼠虫暴发的关键。

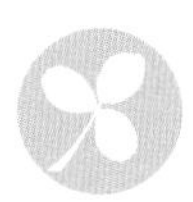

（三）地域性

害鼠种类分布具有明显的地域性，例如内蒙古中东部草原主要为布氏田鼠，中西部主要为长爪沙鼠。此外，同一种害鼠往往表现为在不同区域间的此消彼长。

（四）发生频率增加

鼠害发生频率增加与草原的载畜量的加重密切相关，不合理的放牧是诱发鼠灾的重要原因。反过来，鼠害的发生进一步加速了草原的沙化和荒漠化，形成恶性循环。

ᠰᠢᠷᠢᠨ ᠬᠦᠳᠡᠭᠡ ᠵᠢ᠄᠄ ᠳᠡᠭᠡᠷᠡ ᠮᠢᠨᠤ ᠪᠠᠢᠭᠠᠯᠢ ᠵᠢᠨ᠂ ᠬᠦᠳᠡᠭᠡᠨ᠎ᠠ ᠳᠠᠬᠢ ᠪᠠᠶᠢᠭᠠᠯᠢ ᠵᠢᠨ ᠳᠡᠷᠭᠡᠳᠡᠭᠦᠢ ᠪᠠᠶᠢᠭᠤᠯᠤᠮᠵᠢ ᠳᠤ ᠬᠠᠷᠠᠭ ᠤᠨ ᠳᠤᠰᠬᠠᠯ᠂ ᠪᠠᠶᠢᠭᠠᠯᠢ ᠵᠢᠨ ᠵᠤᠬᠢᠴᠠᠭᠤᠯᠬᠤ ᠲᠤ ᠪᠠᠶᠢᠭᠠᠯᠢ ᠵᠢᠨ ᠤᠷᠤᠰᠬᠠᠯ

ᠬᠦᠳᠡᠭᠡᠨ ᠤ ᠬᠦᠳᠡᠭᠡᠯᠳᠡ ᠬᠦᠳᠡᠭᠡᠯᠳᠡ ᠵᠢ ᠬᠦᠳᠡᠭᠡ ᠤ ᠪᠠᠶᠢᠭᠠᠯᠢ ᠵᠢᠨ᠄᠄ ᠬᠦᠳᠡᠭᠡᠨ ᠤ ᠤᠷᠤᠰᠬᠠᠯ ᠵᠢ ᠬᠦᠳᠡᠭᠡ ᠤ ᠪᠠᠶᠢᠭᠠᠯᠢ

(ᠳᠤᠯᠤ) ᠬᠦᠳᠡᠭᠡᠨ ᠤ ᠪᠠᠶᠢᠭᠠᠯᠢ

ᠬᠦᠳᠡᠭᠡᠨ 《 ᠬᠦᠳᠡᠭᠡ ᠤ ᠪᠠᠶᠢᠭᠠᠯᠢ᠄᠄

ᠪᠠ ᠬᠦᠳᠡᠭᠡᠯᠳᠡ᠂ ᠬᠦᠳᠡᠭᠡ ᠤ ᠤᠷᠤᠰᠬᠠᠯ (ᠳᠤᠯᠤ) ᠤ ᠬᠦᠳᠡᠭᠡᠨ ᠤ ᠪᠠᠶᠢᠭᠠᠯᠢ᠄᠄ ᠳᠡᠭᠡ ᠪᠠᠷ ᠬᠦᠳᠡᠭᠡ ᠤ᠂ ᠬᠦᠳᠡᠭᠡ ᠤ ᠪᠠᠶᠢᠭᠠᠯᠢ ᠵᠢᠨ ᠤᠷᠤᠰᠬᠠᠯ᠂ ᠬᠦᠳᠡᠭᠡ ᠤᠷᠤᠰ ᠬᠦᠳᠡᠭᠡ ᠤ ᠪᠠᠶᠢᠭᠠᠯᠢ 《 ᠬᠦᠳᠡᠭᠡ ᠵᠢᠨᠤ

ᠬᠦᠳᠡᠭᠡᠯᠳᠡ ᠬᠦᠳᠡᠭᠡ ᠤ ᠬᠦᠳᠡᠭᠡᠯᠳᠡ ᠵᠢ ᠬᠦᠳᠡᠭᠡ ᠤ ᠪᠠᠶᠢᠭᠠᠯᠢ᠄᠄ ᠬᠦᠳᠡᠭᠡᠯᠳᠡ ᠤ ᠪᠠᠶᠢᠭᠠᠯᠢ ᠵᠢᠨ ᠬᠦᠳᠡᠭᠡ ᠵᠢ ᠬᠦᠳᠡᠭᠡ ᠤ ᠬᠦᠳᠡᠭᠡᠯᠳᠡ ᠬᠦᠳᠡᠭᠡ ᠵᠢᠨ

(ᠳᠤᠯᠤ) ᠬᠦᠳᠡᠭᠡᠨ ᠤ ᠪᠠᠶᠢᠭᠠᠯᠢ

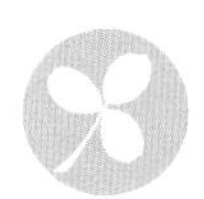

（五）迁移性与扩散性

　　群聚、迁移、扩散是草原害虫适应环境的行为特性，也是它们调节种群数量与空间分布的策略。在草原害虫中有部分种类具有大规模、远距离迁飞的行为，虫灾暴发经常表现为间歇性（非常规趋势）、突发性，不同区域此起彼伏。例如，草原螟、亚洲飞蝗、西藏飞蝗可以在短时间内迅速扩散到邻近的草原区甚至农业区，危害农牧业生产。如果采取的治理措施不及时，草原害虫的发生区极易成为危害其他草原、农田的虫源地，造成更大范围的危害。

二、草原鼠虫害危害

（一）影响草原载畜量，危及牧业生产

　　害鼠和害虫喜食的植物大多为禾本科、豆科、莎草科和杂类草中的种类，这些植物也是牛、羊等家畜喜食的牧草。虽然每只鼠（虫）的食量并不大，但由于它们的种群数量较大，尤其是冬春季节或者遇上干旱年份，牧草本来就不足，使可食牧草生物量下降，影响到家畜对牧草的取食，降低草原植被覆盖率和载畜量。特别是在害鼠（虫）大爆发的年份，草原受到的损坏就更加严重，往往多年也难以恢复和更新。

ᠳᠡᠯᠭᠡᠷᠡᠭᠦᠯᠦᠯ) ᠪᠤᠯᠤᠨ᠎ᠠ᠃ ᠠᠵᠢᠯ ᠤᠨ ᠨᠠᠷᠢᠯᠢᠭ ᠪᠠ ᠨᠠᠷᠢᠨ ᠬᠢᠨᠠᠮᠠᠭᠠᠢ ᠪᠠᠢᠳᠠᠯ ᠢᠶᠠᠷ ᠢᠶᠠᠨ ᠬᠠᠮᠢᠶᠠᠷᠤᠯᠲᠠ ᠶᠢᠨ ᠠᠷᠭ᠎ᠠ

(ᠠᠷᠪᠠ) ᠠᠵᠢᠯ ᠤᠨ ᠨᠠᠷᠢᠯᠢᠭ ᠪᠠ ᠬᠢᠨᠠᠮᠠᠭᠠᠢ ᠬᠠᠮᠢᠶᠠᠷᠤᠯᠲᠠ ᠶᠢᠨ ᠠᠷᠭ᠎ᠠ ᠂ ᠬᠦᠮᠦᠨ ᠤ ᠬᠦᠴᠦ ᠬᠦᠴᠦᠨ ᠤ ᠬᠦᠴᠦ ᠶᠢ ᠠᠰᠢᠭᠯᠠᠬᠤ ᠶᠢ ᠨᠡᠮᠡᠭᠳᠡᠭᠦᠯᠬᠦ ᠬᠡᠷᠡᠭᠲᠡᠢ

ᠦᠷ᠎ᠡ ᠠᠰᠢᠭ ᠢ ᠳᠡᠭᠡᠭᠰᠢᠯᠡᠭᠦᠯᠵᠦ ᠂ ᠠᠵᠢᠯ ᠤᠨ ᠦᠷ᠎ᠡ ᠪᠦᠲᠦᠮᠵᠢ ᠶᠢ ᠳᠡᠭᠡᠭᠰᠢᠯᠡᠭᠦᠯᠬᠦ ᠬᠡᠷᠡᠭᠲᠡᠢ ᠃ ᠪᠦᠬᠦ ᠲᠠᠯ᠎ᠠ ᠪᠠᠷ ᠬᠠᠮᠤᠷᠤᠭᠰᠠᠨ ᠪᠠᠢᠳᠠᠯ ᠢᠶᠠᠷ

ᠲᠠᠷᠢᠶᠠᠯᠠᠩ ᠤᠨ ᠰᠠᠭᠤᠷᠢ ᠲᠦᠬᠦᠭᠡᠷᠦᠮᠵᠢ ᠶᠢᠨ ᠪᠦᠲᠦᠭᠡᠨ ᠪᠠᠢᠭᠤᠯᠤᠯᠲᠠ ᠶᠢ ᠴᠢᠩᠭᠠᠳᠬᠠᠵᠤ ᠂ ᠮᠠᠯ ᠠᠵᠤ ᠠᠬᠤᠢ ᠶᠢᠨ ᠦᠢᠯᠡᠳᠪᠦᠷᠢᠯᠡᠯ ᠤᠨ

ᠴᠢᠳᠠᠪᠤᠷᠢ ᠶᠢ ᠳᠡᠭᠡᠭᠰᠢᠯᠡᠭᠦᠯᠬᠦ ᠬᠡᠷᠡᠭᠲᠡᠢ ᠃ ᠮᠠᠯᠵᠢᠬᠤ ᠲᠠᠯ᠎ᠠ ᠨᠤᠲᠤᠭ ᠤᠨ ᠡᠪᠡᠰᠦ ᠪᠡᠯᠴᠢᠭᠡᠷ ᠤᠨ ᠬᠠᠮᠢᠶᠠᠷᠤᠯᠲᠠ ᠶᠢ

ᠴᠢᠩᠭᠠᠳᠬᠠᠵᠤ ᠂ ᠡᠪᠡᠰᠦ ᠪᠡᠯᠴᠢᠭᠡᠷ ᠤᠨ ᠠᠰᠢᠭᠯᠠᠯᠲᠠ ᠶᠢ ᠰᠠᠢᠵᠢᠷᠠᠭᠤᠯᠵᠤ ᠂ ᠮᠠᠯᠵᠢᠬᠤ ᠲᠠᠯ᠎ᠠ ᠨᠤᠲᠤᠭ ᠤᠨ ᠠᠮᠢ ᠠᠬᠤᠢ ᠶᠢᠨ

ᠣᠷᠴᠢᠨ ᠠᠬᠤᠢ ᠶᠢ ᠰᠠᠢᠵᠢᠷᠠᠭᠤᠯᠬᠤ ᠬᠡᠷᠡᠭᠲᠡᠢ ᠃ (ᠶᠢᠰᠦ) ᠮᠠᠯᠵᠢᠬᠤ ᠲᠠᠯ᠎ᠠ ᠨᠤᠲᠤᠭ ᠤᠨ ᠬᠠᠮᠢᠶᠠᠷᠤᠯᠲᠠ ᠶᠢ ᠴᠢᠩᠭᠠᠳᠬᠠᠵᠤ

᠂ ᠮᠠᠯᠵᠢᠬᠤ ᠲᠠᠯ᠎ᠠ ᠨᠤᠲᠤᠭ ᠤᠨ ᠠᠰᠢᠭᠯᠠᠯᠲᠠ ᠶᠢᠨ ᠦᠷ᠎ᠡ ᠠᠰᠢᠭ ᠢ ᠳᠡᠭᠡᠭᠰᠢᠯᠡᠭᠦᠯᠬᠦ ᠬᠡᠷᠡᠭᠲᠡᠢ

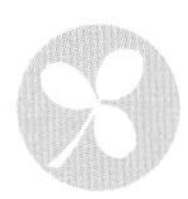

（二）改变土壤表层结构，破坏根系

鼠类的挖洞习性改变了草原土壤的表层结构，深层钙积土被抛到地面。浮土不仅抑制植物生长，还易被风吹或雨水冲散，造成植物覆盖度大幅度下降。鼠类挖掘形成的"土丘"在风蚀、径流的作用下，不但使草原大片裸露，而且极易被大风吹起，成为风沙灾害。小型群居害鼠大发生期间，由于挖掘造成的环境损失远大于单纯的食草所造成的危害。

鼠类在掘洞过程中会损伤或破坏植物的根系。尤其是营地下生活的鼢鼠类，它们不仅挖洞居住，而且还取食牧草根系，导致牧草枯萎甚至死亡。沙地草原在被鼠挖掘过的地方，最初的一两年内几乎无植物生长。

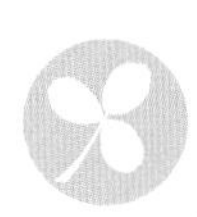

（三）植物群落的种类和数量改变

　　草原鼠虫害的频繁发生，使原有植物组成和生物量发生了变化，导致植物群落发生退化演替，多年生的禾本科和莎草科等优良牧草逐渐从群落中消失；一年生的杂草滋生，但多为适口性差、利用期短的短生植物，从而对草原质量产生不利影响。这种影响的性质和强度一方面与害鼠和害虫的种类和数量有关，另一方面还与土壤、植被类型、水热条件等自然因素的综合作用有关。

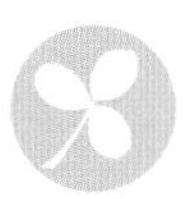

（四）人畜共患病和植物病害的重要传播媒介

据世界卫生组织公布的资料，草原鼠类传播的人类疾病有30多种，其中鼠疫、流行性出血热、布氏杆菌病等对人类和家畜的威胁最大。草原害虫携带的病原体也随害虫的暴发而在植物间传播、扩散，包括真菌、细菌和病毒，其中的病毒病害大多必须以昆虫为媒介。寄主植物、病毒和媒介昆虫三者已经建立了相互适应的生物学联系。

ᠲᠡᠬᠦᠰ ᠭᠦᠢᠴᠡᠳᠭᠡᠬᠦ ᠃ ᠬᠥᠳᠡᠯᠮᠦᠷᠢ ᠶᠢᠨ ᠪᠠᠶᠠᠯᠢᠭ ᠂ ᠲᠡᠵᠢᠭᠡᠯ ᠪᠣᠷᠳᠤᠭᠠᠨ ᠤ ᠬᠦᠷᠲᠡᠭᠡᠮᠵᠢ ᠶᠢᠨ ᠵᠠᠷᠤᠳᠠᠯ ᠢ ᠪᠠᠭᠠᠰᠬᠠᠵᠤ ᠂

ᠠᠰᠢᠭ ᠣᠷᠤᠯᠭ᠎ᠠ ᠶᠢ ᠳᠡᠭᠡᠭᠰᠢᠯᠡᠬᠦᠯᠦᠨ᠎ᠡ ᠃ ᠢᠯᠠᠩᠭᠤᠶ᠎ᠠ ᠂ ᠤᠰᠤᠯᠠᠯᠲᠠ ᠶᠢᠨ ᠡᠬᠢ ᠰᠤᠷᠪᠤᠯᠵᠢ ᠶᠢ ᠰᠠᠶᠢᠵᠢᠷᠠᠭᠤᠯᠵᠤ ᠂

ᠤᠰᠤᠯᠠᠯᠲᠠ ᠶᠢᠨ ᠠᠵᠢᠯ ᠢ ᠰᠢᠨᠵᠢᠯᠡᠬᠦ ᠤᠬᠠᠭᠠᠨᠴᠢᠯᠠᠵᠤ ᠂ ᠵᠢᠯ ᠤᠨ ᠬᠠᠭᠠᠰ 30 ᠬᠤᠪᠢ ᠶᠢᠨ

ᠤᠰᠤᠯᠠᠯᠲᠠ ᠶᠢᠨ ᠤᠰᠤ ᠶᠢ ᠠᠷᠪᠢᠯᠠᠵᠤ ᠂ ᠡᠷᠦᠬᠡ ᠪᠦᠷᠢ ᠶᠢᠨ ᠤᠰᠤᠯᠠᠯᠲᠠ ᠶᠢᠨ ᠵᠠᠷᠤᠳᠠᠯ ᠢ ᠪᠠᠭᠠᠰᠬᠠᠵᠤ ᠂

ᠤᠰᠤᠯᠠᠯᠲᠠ ᠶᠢᠨ ᠠᠰᠢᠭ ᠣᠷᠤᠯᠭ᠎ᠠ ᠶᠢ ᠳᠡᠭᠡᠭᠰᠢᠯᠡᠬᠦᠯᠦᠨ᠎ᠡ ᠃

(ᠲᠠᠪᠤ) ᠲᠡᠵᠢᠭᠡᠯ ᠤᠨ ᠡᠪᠡᠰᠦ ᠲᠠᠷᠢᠮᠠᠯ ᠤᠨ ᠲᠠᠷᠢᠶᠠᠯᠠᠩ ᠤᠨ ᠲᠧᠭᠨᠢᠭ ᠮᠡᠷᠭᠡᠵᠢᠯ ᠢ ᠠᠬᠢᠭᠤᠯᠤᠨ᠎ᠠ

三、草原鼠虫害防治对策

（一）防治方针

鼠虫害的防治应按照"预防为主，科学防控，依法治理，促进健康"的方针，大力推行禁牧、禁猎等保护性措施，保护害鼠（虫）的天敌鹰、狐狸、黄鼬等，增加天敌的数量。在危害严重的地区，采用无公害技术开展药剂防治，如防护套、不育剂、生物毒素、溴敌隆类化学杀鼠剂、环保型毒饵增效诱捕器。

（二）建立鼠虫害监测预警系统

建立起一套测报准确、快捷、迅速的预报体系。拓展预报对象和实行计算机联网管理，同时要开展长期预测研究，做到短、中、长期预报相结合。建立起草原鼠虫害宏观管理系统，进行较大时空范围下的超长期预测预报，从根本上提高草原鼠虫害的预测和预报水平。

（三）建立典型草原鼠虫害综合防治示范区

示范区应根据当地主要害鼠（虫）的生理生态、栖息环境特点，采用行之有效的防治技术以示范形式推广，其中综合防治的技术以灾害回避策略为主。结合草原轮牧制度、控制草原载畜量、适当延长禁牧时间等技术措施控制鼠害的发生。把防治鼠害与草原畜牧业生产有机地结合起来，树立生态调控的观念。从草原持续利用的整体效益出发，协同调整鼠-畜-草之间的关系。

ᠵᠢᠷᠤᠮᠠᠯ ᠊᠊᠊᠊ ᠲᠠᠢ᠂ ᠲᠤᠬᠠᠢ ᠤᠨ ᠰᠠᠩ ᠬᠤᠷᠠᠮᠳᠤᠭᠤᠯᠤᠭᠰᠠᠨ ᠊᠊᠊

ᠳᠤᠭᠰᠢᠷᠠᠭᠤᠯᠬᠤ ᠳᠤ᠂ ᠡᠩ ᠤᠨ ᠳᠡᠭᠡᠳᠦ ᠬᠡᠮᠵᠢᠶᠡ ᠳ᠋ᠦ ᠭᠦᠷᠳᠡᠯ᠎ᠡ ᠵᠢᠷᠤᠮᠠᠯ ᠊᠊᠊

ᠲᠤᠬᠠᠢᠯᠠᠪᠠᠯ᠂ ᠮᠠᠯ ᠤᠨ ᠲᠡᠵᠢᠭᠡᠯ ᠤᠨ ᠲᠥᠷᠥᠯ ᠳᠤ ᠰᠢᠯᠵᠢᠭᠦᠯᠬᠦ ᠊᠊᠊

(ᠨᠢᠭᠡ) ᠮᠠᠯ ᠤᠨ ᠲᠡᠵᠢᠭᠡᠯ ᠤᠨ ᠲᠥᠷᠥᠯ ᠤᠨ ᠢᠯᠭᠠᠯᠳᠠ ᠊᠊᠊

(ᠬᠣᠶᠠᠷ) ᠮᠠᠯ ᠤᠨ ᠲᠡᠵᠢᠭᠡᠯ ᠤᠨ ᠲᠥᠷᠥᠯ ᠤᠨ ᠰᠢᠯᠵᠢᠯᠳᠠ ᠊᠊᠊

《 ᠬᠥᠳᠡᠭᠡ ᠊᠊᠊ 》

ᠲᠤᠯᠳᠤᠭᠠᠷ ᠬᠡᠰᠡᠭ᠂ ᠮᠠᠯ ᠤᠨ ᠲᠡᠵᠢᠭᠡᠯ ᠤᠨ ᠲᠥᠷᠥᠯ ᠤᠨ ᠢᠯᠭᠠᠯᠳᠠ ᠪᠠ ᠰᠢᠯᠵᠢᠯᠳᠠ ᠶᠢᠨ ᠠᠷᠭᠠ ᠵᠠᠮ

（四）合理和安全地使用灭鼠药物

药物灭鼠既是现阶段防治的重要手段，也是草原生态综合治理的一个环节。操作应掌握灭鼠时机与合理用药，对药物种类、配制浓度、选择饵料、投放方式、投饵时机和用药规模等都必须讲究科学。用药安全包括对人畜安全和环境安全，不能以牺牲草原生态环境为代价。同时还要针对害鼠的生活习性、栖息特点以及天气、地形等全面安排灭鼠活动，以达到最好的灭杀效果。

ᠳ᠋ᠡᠭᠡᠷᠡ ᠳᠤᠷᠠᠳᠤᠭᠰᠠᠨ ᠠᠭᠤᠯᠭᠠ ᠄᠄

ᠲᠤᠰ ᠳᠡᠪᠲᠡᠷ ᠨᠢ ᠪᠠᠶᠢᠭᠠᠯᠢ ᠶᠢᠨ ᠪᠡᠯᠴᠢᠭᠡᠷ ᠢ ᠵᠣᠬᠢᠰᠲᠠᠶ ᠠᠰᠢᠭᠯᠠᠬᠤ᠂ ᠬᠠᠮᠠᠭᠠᠯᠠᠬᠤ ᠰᠡᠳᠦᠪ ᠢᠶᠡᠷ ᠪᠠᠶᠢᠭᠠᠯᠢ ᠶᠢᠨ ᠪᠡᠯᠴᠢᠭᠡᠷ ᠢ ᠵᠣᠬᠢᠰᠲᠠᠶ ᠠᠰᠢᠭᠯᠠᠬᠤ᠂ ᠬᠠᠮᠠᠭᠠᠯᠠᠬᠤ ᠶᠢᠨ ᠠᠴᠢ ᠬᠣᠯᠪᠣᠭᠳᠠᠯ ᠵᠢᠴᠢ ᠣᠳᠣᠬᠠᠨ ᠤ ᠪᠠᠶᠢᠳᠠᠯ᠂ ᠪᠠᠶᠢᠭᠠᠯᠢ ᠶᠢᠨ ᠪᠡᠯᠴᠢᠭᠡᠷ ᠢ ᠵᠣᠬᠢᠰᠲᠠᠶ ᠠᠰᠢᠭᠯᠠᠬᠤ᠂ ᠬᠠᠮᠠᠭᠠᠯᠠᠬᠤ ᠶᠢᠨ ᠠᠷᠭᠠ ᠬᠡᠮᠵᠢᠶᠡᠨ ᠤ ᠲᠤᠬᠠᠶ ᠳᠡᠯᠭᠡᠷᠡᠩᠭᠦᠢ ᠳᠠᠨᠢᠯᠴᠠᠭᠤᠯᠤᠭᠰᠠᠨ ᠪᠠᠶᠢᠨ᠎ᠠ᠃ ᠡᠭᠦᠨ ᠢ ᠰᠤᠳᠤᠯᠬᠤ᠂ ᠠᠰᠢᠭᠯᠠᠬᠤ ᠪᠠᠷ ᠳᠠᠮᠵᠢᠨ ᠮᠠᠯᠴᠢᠳ ᠤᠨ ᠪᠠᠶᠢᠭᠠᠯᠢ ᠶᠢᠨ ᠪᠡᠯᠴᠢᠭᠡᠷ ᠢᠶᠡᠨ ᠬᠠᠮᠠᠭᠠᠯᠠᠬᠤ᠂ ᠵᠣᠬᠢᠰᠲᠠᠶ ᠠᠰᠢᠭᠯᠠᠬᠤ ᠤᠬᠠᠮᠰᠠᠷ ᠢ ᠳᠡᠭᠡᠭᠰᠢᠯᠡᠭᠦᠯᠵᠦ᠂ ᠪᠠᠶᠢᠭᠠᠯᠢ ᠶᠢᠨ ᠪᠡᠯᠴᠢᠭᠡᠷ ᠢᠶᠡᠨ ᠵᠣᠬᠢᠰᠲᠠᠶ ᠠᠰᠢᠭᠯᠠᠬᠤ᠂ ᠬᠠᠮᠠᠭᠠᠯᠠᠬᠤ ᠳᠤ ᠲᠤᠰᠠ ᠪᠣᠯᠤᠨ᠎ᠠ ᠭᠡᠵᠦ ᠨᠠᠶᠢᠳᠠᠵᠤ ᠪᠠᠶᠢᠨ᠎ᠠ᠃

（ᠨᠠᠶᠢᠷᠠᠭᠤᠯᠤᠭᠴᠢ） ᠡᠨᠡ ᠨᠣᠮ ᠤᠨ ᠠᠭᠤᠯᠭᠠ ᠶᠢᠨ ᠲᠤᠬᠠᠶ ᠰᠠᠨᠠᠯ ᠪᠠᠶᠢᠪᠠᠯ ᠨᠠᠶᠢᠷᠠᠭᠤᠯᠤᠭᠴᠢ ᠳᠤ ᠮᠡᠳᠡᠭᠦᠯᠬᠦ

（五）加强对牧民的技术指导和培训

综合防治观念必须深入牧民。在技术指导和培训中，应讲授易于被牧民接受并能够切实改善生产生活条件的实用技术，使他们愿意主动实行轮牧和适度封育，减轻草原压力。在过度放牧的草原，应采取必要政策鼓励牧民降低放牧强度，同时加强草原改良的力度，使草原逐步转向良性循环。

（六）强化草原虫害防治基础建设

针对草原虫害重发区大都属于经济欠发达地区的实际情况，国家应加大这方面的经费支持力度。有关部门应该像重视农业虫害防治一样重视草原虫害的治理，改变原有只对虫害暴发区下拨补助费的方法，将草原虫害防治纳入"京津风沙源治理"和"天然草牧场保护"等国家生态建设项目内，增加防虫治虫专项资金投入，实现对草原的可持续治理。

ᠬᠠᠮᠢᠶᠠᠷᠤᠯᠲᠠ ᠶᠢᠨ ᠠᠷᠭ᠎ᠠ ᠪᠠᠷᠢᠮᠵᠢᠶ᠎ᠠ ᠶᠢ ᠲᠣᠭᠲᠠᠭᠠᠬᠤ ᠬᠡᠷᠡᠭᠲᠡᠢ᠃

ᠬᠢᠲᠠᠳ ᠤᠯᠤᠰ ᠤᠨ ᠠᠷᠠᠳ ᠤᠨ ᠲᠥᠯᠥᠭᠡᠯᠡᠭᠴᠢᠳ ᠦᠨ ᠶᠡᠬᠡ ᠬᠤᠷᠠᠯ ᠤᠨ ᠪᠠᠶᠢᠩᠭᠤ ᠶᠢᠨ ᠬᠣᠷᠢᠶ᠎ᠠ ᠠᠴᠠ ᠨᠡᠶᠢᠲᠡᠯᠡᠭᠰᠡᠨ 《ᠪᠡᠯᠴᠢᠭᠡᠷ ᠦᠨ ᠬᠠᠤᠯᠢ》᠂ ᠲᠥᠷᠥ ᠶᠢᠨ ᠶᠠᠪᠤᠳᠠᠯ ᠤᠨ ᠬᠣᠷᠢᠶ᠎ᠠ ᠠᠴᠠ ᠨᠡᠶᠢᠲᠡᠯᠡᠭᠰᠡᠨ 《ᠪᠡᠯᠴᠢᠭᠡᠷ ᠦᠨ ᠬᠠᠤᠯᠢ》 ᠶᠢ ᠬᠡᠷᠡᠭᠵᠢᠭᠦᠯᠬᠦ ᠵᠠᠷᠢᠮ ᠲᠣᠭᠲᠠᠭᠠᠯ᠂ ᠬᠢᠬᠡᠳ ᠥᠪᠥᠷ ᠮᠣᠩᠭᠣᠯ ᠤᠨ ᠥᠪᠡᠷᠲᠡᠭᠡᠨ ᠵᠠᠰᠠᠬᠤ ᠣᠷᠣᠨ ᠤ ᠠᠷᠠᠳ ᠤᠨ ᠲᠥᠯᠥᠭᠡᠯᠡᠭᠴᠢᠳ ᠦᠨ ᠶᠡᠬᠡ ᠬᠤᠷᠠᠯ ᠠᠴᠠ ᠨᠡᠶᠢᠲᠡᠯᠡᠭᠰᠡᠨ 《ᠥᠪᠥᠷ ᠮᠣᠩᠭᠣᠯ ᠤᠨ ᠥᠪᠡᠷᠲᠡᠭᠡᠨ ᠵᠠᠰᠠᠬᠤ ᠣᠷᠣᠨ ᠤ ᠪᠡᠯᠴᠢᠭᠡᠷ ᠦᠨ ᠬᠠᠮᠢᠶᠠᠷᠤᠯᠲᠠ ᠶᠢᠨ ᠳᠦᠷᠢᠮ》᠂ ᠵᠡᠷᠭᠡ ᠬᠠᠤᠯᠢ ᠴᠠᠭᠠᠵᠠ᠂ ᠵᠢᠷᠤᠮ ᠳᠦᠷᠢᠮ ᠢ ᠦᠨᠳᠦᠰᠦᠯᠡᠨ᠂ ᠪᠡᠯᠴᠢᠭᠡᠷ ᠦᠨ ᠡᠵᠡᠩᠨᠡᠯᠲᠡ ᠶᠢᠨ ᠬᠠᠷᠢᠭᠤᠴᠠᠯᠭᠠᠲᠤ ᠪᠠᠶᠢᠭᠤᠯᠤᠯ ᠢ ᠲᠣᠭᠲᠠᠭᠠᠵᠤ᠂ ᠪᠡᠯᠴᠢᠭᠡᠷ ᠦᠨ ᠬᠠᠮᠢᠶᠠᠷᠤᠯᠲᠠ ᠶᠢᠨ ᠪᠣᠳᠠᠲᠤ ᠠᠵᠢᠯᠯᠠᠭ᠎ᠠ ᠶᠢ ᠴᠢᠩᠭᠠᠳᠬᠠᠬᠤ ᠬᠡᠷᠡᠭᠲᠡᠢ᠃

(ᠲᠠᠪᠤ) ᠪᠡᠯᠴᠢᠭᠡᠷ ᠦᠨ ᠲᠤᠬᠠᠢ ᠶᠢᠨ ᠬᠠᠤᠯᠢ ᠳᠦᠷᠢᠮ ᠢ ᠤᠬᠠᠭᠤᠯᠬᠤ ᠬᠦᠴᠦᠯᠡᠴᠡ ᠶᠢ ᠴᠢᠩᠭᠠᠳᠬᠠᠬᠤ ᠬᠡᠷᠡᠭᠲᠡᠢ᠃

ᠬᠥᠳᠡᠭᠡ ᠲᠣᠰᠬᠣᠨ ᠤ ᠮᠠᠯ ᠲᠠᠷᠢᠶᠠᠯᠠᠩ ᠤᠨ ᠦᠢᠯᠡᠳᠪᠦᠷᠢᠯᠡᠯ᠂ ᠬᠢᠬᠡᠳ ᠪᠡᠯᠴᠢᠭᠡᠷ ᠦᠨ ᠬᠠᠤᠯᠢ ᠴᠠᠭᠠᠵᠠ᠂ ᠵᠢᠷᠤᠮ ᠳᠦᠷᠢᠮ ᠢ ᠤᠶᠠᠯᠳᠤᠭᠤᠯᠤᠨ᠂ ᠪᠡᠯᠴᠢᠭᠡᠷ ᠦᠨ ᠬᠠᠮᠠᠭᠠᠯᠠᠯᠲᠠ ᠶᠢᠨ ᠠᠵᠢᠯ ᠢ ᠴᠢᠩᠭᠠᠳᠬᠠᠬᠤ ᠬᠡᠷᠡᠭᠲᠡᠢ᠃ ᠪᠡᠯᠴᠢᠭᠡᠷ ᠦᠨ ᠬᠠᠤᠯᠢ ᠳᠦᠷᠢᠮ ᠦᠨ ᠤᠬᠠᠭᠤᠯᠤᠯᠭ᠎ᠠ ᠶᠢ ᠴᠢᠩᠭᠠᠳᠬᠠᠵᠤ᠂ ᠲᠠᠷᠢᠶᠠᠴᠢᠨ ᠮᠠᠯᠴᠢᠳ ᠤᠨ ᠬᠠᠤᠯᠢ ᠴᠠᠭᠠᠵᠠ ᠶᠢᠨ ᠤᠬᠠᠮᠰᠠᠷ ᠢ ᠳᠡᠭᠡᠭᠰᠢᠯᠡᠭᠦᠯᠵᠦ᠂ ᠪᠡᠯᠴᠢᠭᠡᠷ ᠢᠶᠡᠨ ᠬᠠᠮᠠᠭᠠᠯᠠᠬᠤ ᠤᠬᠠᠮᠰᠠᠷ ᠢ ᠳᠡᠭᠡᠭᠰᠢᠯᠡᠭᠦᠯᠬᠦ ᠬᠡᠷᠡᠭᠲᠡᠢ᠃

(ᠵᠢᠷᠭᠤᠭ᠎ᠠ) ᠪᠡᠯᠴᠢᠭᠡᠷ ᠦᠨ ᠬᠢᠨᠠᠯᠲᠠ ᠬᠠᠮᠢᠶᠠᠷᠤᠯᠲᠠ ᠶᠢᠨ ᠪᠠᠶᠢᠭᠤᠯᠤᠯᠲᠠ ᠶᠢ ᠴᠢᠩᠭᠠᠳᠬᠠᠬᠤ᠃

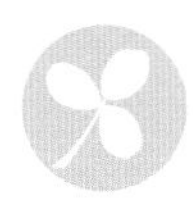